本书出版获得江苏高校哲学社会科学研究一般项目"长江经济带都市圈水资源风险形成机理与协同治理路径研究"（2022SJYB0283）以及江苏高校品牌专业建设工程二期项目资金资助

长江经济带特大城市集中水源地水安全保障与应急研究

吴 昊◎著

河海大学出版社
·南京·

图书在版编目(CIP)数据

长江经济带特大城市集中水源地水安全保障与应急研究 / 吴昊著. -- 南京：河海大学出版社，2022.12
ISBN 978-7-5630-7872-1

Ⅰ.①长… Ⅱ.①吴… Ⅲ.①长江经济带－特大城市－饮用水－水源地－安全管理－研究 Ⅳ.①X52

中国版本图书馆 CIP 数据核字(2022)第 245782 号

书　名	长江经济带特大城市集中水源地水安全保障与应急研究 CHANGJIANG JINGJIDAI TEDA CHENGSHI JIZHONG SHUIYUANDI SHUI ANQUAN BAOZHANG YU YINGJI YANJIU
书　号	ISBN 978-7-5630-7872-1
责任编辑	陈丽茹
文字编辑	徐倩文
特约校对	李春英
装帧设计	徐娟娟
出版发行	河海大学出版社
地　址	南京市西康路 1 号(邮编：210098)
网　址	http://www.hhup.com
电　话	(025)83737852(总编室)　(025)83787763(编辑室) (025)83722833(营销部)
经　销	江苏省新华发行集团有限公司
排　版	南京布克文化发展有限公司
印　刷	苏州市古得堡数码印刷有限公司
开　本	718 毫米×1000 毫米　1/16
印　张	12
字　数	198 千字
版　次	2022 年 12 月第 1 版
印　次	2022 年 12 月第 1 次印刷
定　价	68.00 元

前言

长江中下游流域是我国人口密度最高、经济活动强度最大、环境压力最严重的流域之一,流域水环境问题日渐突出,饮用水水源和水生态安全面临考验。长江流域水资源总量丰沛,但水资源时空分布不均,尤其依赖长江干流过境水供水的中下游经济发达地区,水质性缺水问题导致的供需矛盾依然突出。沿江大城市的集中水源地水安全是重大的环境和社会问题。但长期以来,长江中下游沿江城市形成以长江干流为主要水源的单一供水结构,应急水源建设滞后、取供水能力不足。随着东部产业转移,上游沿岸新建化工园区,长江水道危险品运输量迅速增长,一旦长江干流发生突发环境事件,将对长江中下游沿江城市社会稳定与经济发展造成极大的负面影响。

南京是长江经济带和长三角世界级城市群内的特大城市之一,经济发达、人口稠密,长江干流取水量维持在较高水平。本书围绕依赖长江干流过境水供水的中下游经济发达地区,因突发水污染导致的水源供需矛盾这一主题,首先从用水结构、供水水源地水质,以及突发水污染事故分析三个方面,对沿江城市水源地水安全潜在危险源进行辨识;而后通过建立基于二维水动力-水质模型的感潮河段污染源迁移模型,设定突发污染事件条件及特征污染物情景,定量分析污染物迁移对各水源的影响;最后概化"水源—水厂—供水区"三节点应急供水系统,结合突发污染物迁移对各水源的影响,建立多水源应急供水配置模型,结合不同的应急水源启用情景,模拟现有应急水源、规划应急水源,以及本书建议设置应急水源三个方案的水安全保障效果,建议采用本书建议设置的应急水源方案。研究可为长江中下游沿江城市水源安全保障体系提供理论基础,也为应急水源建设与应急对策制定提供实践参考。通过研究取得的主要成果如下。

（1）识别突发性水质污染是长江中下游沿江城市面临的主要威胁。本书从用水结构、供水水源地水质，以及突发水污染事故分析三个方面，对沿江城市水源地水安全潜在危险源进行辨识。首先从城市用水总量、用水结构变化及其驱动因素的角度，分析城市结构性缺水问题；其次根据多年水质资料，分析城市集中式饮用水水源水质变化趋势；最后通过突发污染事故统计分析，对研究区内长江水源地突发性污染物进行预测。南京市用水结构及其驱动力的研究表明，随着产业结构调整与用水效率的提高，产业结构与用水结构趋向合理，结构性缺水逐步改善；集中供水水源地水质变化分析表明，水质状况总体呈现好转趋势，常规水质性缺水得到缓解；通过南京市突发污染事故统计分析发现，化学品类是引发长江流域污染事故最多的突发污染物。而由于翻车、翻船等突发事故造成的水污染，事故地点不固定，污染物种类随机性大，在短时间内易对水源地造成巨大威胁。研究结果可为长江中下游城市水源地危险源辨析提供思路。

（2）定量模拟感潮河段水文特征影响下的污染源对沿江城市水源地水安全的影响。本书根据水力学和流体力学的基本原理以及污染物迁移转化规律，建立水动力-水质数学模型，将突发水污染事故作为常规水质模拟的一种特殊工况进行处理，模拟污染物扩散过程；针对研究区的水文特征，在感潮河段、主泓区与汊道、南北两岸等水文地形条件下，结合特定的事故情景条件，建立二维水动力-水质模型，探究突发水污染事故对城市水源地的影响差异。研究表明，长江主泓区突发水污染事故时，污染物下泄速度较快，对水源地影响时间较短，但涨潮时容易向上游回溯，影响未受污染的汊道水源地；汊道突发水污染事故时，污染持续时间长，对水源地影响时间较长，但涨潮时对上游水源地基本没有影响；南北两岸发生事故时，更易对同侧下游水源地造成影响。研究结果可为受潮汐影响下长江中下游沿江城市污染物迁移数值模拟提供参考。

（3）构建了污染物迁移过程影响下的沿江城市应急供水决策方案。本书根据突发事故污染物对水源地各水厂取水口的影响分析，概化"水源—水厂—供水区"三节点应急供水系统，结合突发污染物迁移对各水源的影响，综合水质模型与水资源配置模型，建立多水源联合应急供水模型；针对模拟突发水污染事件的影响程度，通过启用现状供水水源、规划应急水源、本书建议应急水源三类水源，缓解突发水污染事故导致的缺水情况，提高城市供水保证率。结果表明,现状应急供水方案,在满足城市应急响应供水条件下,无法满足城市需水的应急响应要求;规划应急供水方案使供水保证率有所提升,但仍不能满足城市应急供水需求;而本书提出的建议应急供水方案可以满足城市水源应急响应要求。通过模型综合研究,模拟沿江城市水源在突发污染过程中的应急响应,研究结果可为应急水源建设、城市水安全保障提供理论依据与实践参考。

目录

第1章　长江经济带发展与城市水源地水安全 ······ 001
  1.1　研究背景与意义 ······ 003
    1.1.1　研究背景 ······ 003
    1.1.2　研究意义 ······ 005
  1.2　国内外研究进展 ······ 006
    1.2.1　国内外水安全研究 ······ 006
    1.2.2　国内外城市水源应急体系研究 ······ 008
    1.2.3　国内外水源地风险源识别与水质模拟研究 ······ 009
    1.2.4　国内外应急对策研究 ······ 011
  1.3　研究内容与技术路线 ······ 013
    1.3.1　研究内容 ······ 013
    1.3.2　技术路线 ······ 014
  1.4　研究主要依据的文件 ······ 016
    1.4.1　各级文件对水源安全保障的要求 ······ 016
    1.4.2　主要依据 ······ 016

第2章　长江经济带典型城市水文特征及概况 ······ 019
  2.1　自然地理概况 ······ 021
    2.1.1　地理地貌 ······ 021
    2.1.2　气象水文 ······ 021
  2.2　水资源概况 ······ 024
    2.2.1　河流水系 ······ 024
    2.2.2　长江南京段沿江水系 ······ 025

2.3 城市集中供水水源概况 ………………………………………………… 026
 2.3.1 现状供水水源地 ………………………………………………… 026
 2.3.2 水源地供水能力 ………………………………………………… 027
2.4 水源应急保障现状 ………………………………………………………… 028
2.5 水源安全面临的主要问题 ………………………………………………… 030

第3章 长江经济带典型城市水源地水安全潜在危险源辨识 …………… 031
3.1 用水结构分析 ……………………………………………………………… 033
 3.1.1 研究方法 ………………………………………………………… 033
 3.1.2 用水结构演变分析 ……………………………………………… 035
 3.1.3 用水结构演变的驱动力分析 …………………………………… 038
3.2 水源地水质状况分析 ……………………………………………………… 040
 3.2.1 研究方法 ………………………………………………………… 040
 3.2.2 水源地水质安全分析 …………………………………………… 043
3.3 潜在污染源与污染事故分析 ……………………………………………… 050
 3.3.1 城市水源污染源 ………………………………………………… 050
 3.3.2 突发水污染事故分析 …………………………………………… 052
 3.3.3 突发事故潜在污染物分析 ……………………………………… 053
3.4 小结 ………………………………………………………………………… 054

第4章 长江经济带典型城市水环境安全综合评价 ……………………… 057
4.1 南京市水环境安全评价思路与方法 ……………………………………… 059
 4.1.1 评价思路 ………………………………………………………… 059
 4.1.2 评价方法 ………………………………………………………… 060
4.2 南京市水环境安全评价指标体系建立 …………………………………… 060
 4.2.1 指标构建原则 …………………………………………………… 060
 4.2.2 评价指标体系的构建 …………………………………………… 061
 4.2.3 评价指标体系的解释 …………………………………………… 063
 4.2.4 评价标准的制定 ………………………………………………… 067
4.3 模糊综合评价模型构建步骤 ……………………………………………… 070
 4.3.1 确定因素集 ……………………………………………………… 070

  4.3.2 确定权重集 ··· 071
  4.3.3 确定评价等级标准集合 ······································· 074
  4.3.4 确定隶属度矩阵 ··· 074
  4.3.5 分层模糊评价 ··· 076
  4.3.6 综合评价 ··· 077
 4.4 南京市水环境安全综合评价 ··· 078
  4.4.1 指标权重分析 ··· 078
  4.4.2 隶属度分析 ··· 085
  4.4.3 典型年分层模糊评价 ··· 089
  4.4.4 2005—2014年水环境安全综合评价 ······························ 094
 4.5 小结 ··· 110

第5章 典型城市突发水污染物迁移过程模拟 ······························· 113
 5.1 感潮河段突发水污染模型理论基础 ····································· 115
  5.1.1 水动力模型基础 ··· 116
  5.1.2 污染物输移模型基础 ··· 117
 5.2 二维水动力模型构建 ··· 118
  5.2.1 模型范围与地形处理 ··· 118
  5.2.2 边界条件与参数设置 ··· 119
  5.2.3 模型验证 ··· 125
 5.3 突发水污染事故过程模拟 ··· 128
  5.3.1 污染物分析 ··· 128
  5.3.2 突发水污染事故计算条件 ····································· 129
 5.4 事故模拟结果分析 ··· 131
  5.4.1 水路船舶运输事故 ··· 131
  5.4.2 陆路运输事故 ··· 132
 5.5 小结 ··· 135

第6章 多水源应急供水方案决策模型及应用 ······························· 137
 6.1 多水源应急供水方案决策模型构建 ····································· 139
  6.1.1 模型构建的理论及方法 ······································· 139

  6.1.2 模型构建的思路 …………………………………………… 140
  6.1.3 应急供水系统模拟 ………………………………………… 140
  6.1.4 应急供水调度原则 ………………………………………… 142
  6.1.5 应急响应方案设定 ………………………………………… 142
 6.2 多水源联合配置模型条件 ………………………………………… 143
  6.2.1 目标函数 …………………………………………………… 143
  6.2.2 约束条件限制 ……………………………………………… 144
  6.2.3 应急水源选择 ……………………………………………… 146
  6.2.4 应急水源可供水量 ………………………………………… 147
  6.2.5 供水区应急需水分析 ……………………………………… 148
  6.2.6 突发水污染事故概述 ……………………………………… 149
 6.3 多水源应急响应方案结果分析 …………………………………… 150
  6.3.1 方案1水量配置结果 ……………………………………… 150
  6.3.2 方案2水量配置结果 ……………………………………… 154
  6.3.3 方案3水量配置结果 ……………………………………… 159
  6.3.4 方案应急响应能力分析 …………………………………… 162
 6.4 小结 ………………………………………………………………… 163

第7章 结论与展望 ……………………………………………………… 165
 7.1 结论 ………………………………………………………………… 167
  7.1.1 沿江城市水源地水安全潜在危险源辨识 ………………… 167
  7.1.2 沿江城市突发水污染物迁移模拟 ………………………… 168
  7.1.3 多水源应急供水方案决策模型及应用研究 ……………… 169
 7.2 创新点 ……………………………………………………………… 170
 7.3 研究展望 …………………………………………………………… 170

参考文献 ………………………………………………………………… 172

第 1 章

长江经济带发展与城市水源地水安全

第1章

1.1 研究背景与意义

1.1.1 研究背景

近年来我国水资源环境压力凸显,水资源安全形势严峻。尤其是在人口和社会经济密度高的大型城市,其面临的水资源安全风险与压力更为突出。水源地是为城市生存发展提供清洁、优质和充足水源的生态环境基础(张勇 等,2006),但随着经济的发展和全球的快速城市化,水源的安全问题愈加突出,严重限制了城市的可持续发展。城市水源安全是指城市供水能够适应经济和社会发展的需要,充分保证城市工业农业生产、城乡居民生活、环境生态利用等方面用水,为城市各类用水户提供清洁、稳定、优质和充足的水源(陈进 等,2021)。一方面,经济社会的发展导致各行业对水资源的需求越来越大,而保证城市水源供应充足是城市可持续发展的前提;另一方面,城市经济社会快速发展带来的各类水安全问题不断涌现(韩晓刚 等,2010;艾恒雨 等,2013),城市水源质量安全是世界各国所面临的共同挑战。

而变化的人地关系更加剧了这一问题的复杂性。由于频繁的人类活动影响,自然生态环境变化程度越来越剧烈,城市水资源供需矛盾越来越突出,因此引起水资源短缺、水环境恶化、水灾害频繁等问题,常规污染与突发环境事件频繁发生,水资源安全形势越来越复杂(孙东琪 等,2012;王晓君 等,2013;王蒙 等,2015;樊杰 等,2017)。除了工业污水、生活废水、农业面源等常规污染对城市水源地造成污染外(唐克旺 等,2001;韩梅 等,2000;李建新,2000),在某些特殊情况下,突发性水污染事故,包括自然灾害、水质污染和企业事故等,始终是城市水源安全的重要威胁(张勇 等,2006)。据统计,中国有超过600个城市存在不同程度的城市水源污染问题(阮仁良,2000)。传统的水源地风险源如农田化肥源、工业废水源、生活污水源等,因为具有可溯源、可规律化和持久性,其相关研究较多,而对威胁更大的突发性事故风险源的研究较少。

城市水资源问题在长江流域下游更具突发性。长江中下游流域是我国人口密度最高、经济活动强度最大、环境压力最严重的流域之一,负荷量约为源头区的4倍(姚瑞华 等,2014;王佳宁 等,2019)。近二十年来,长江经济带地表生态格局变化剧烈,城镇面积增加39%,城市化现象显著(环境保护部 等,2017)。随着工业聚集与人口增长,工业源与生活源污染导致流域水资源、水生态环境压力日益显现(陈燕飞 等,2015;赵敬敬 等,2018)。长江下游干流水环境质量较好,优于支流水质,因此长期以来,下游沿江城市依赖长江干流过境水作为主要供水水源,但水质性缺水问题导致供需矛盾突出,水资源应急保障能力不足(李志亮 等,2002;邱凉 等,2014)。随着东部产业向中西部转移与上游沿岸化工园区建设,危险化学品的生产与运输也成为长江流域主要突发污染源(王海潮 等,2016)。一旦长江干流发生突发环境事故,将对长江下游沿江城市社会稳定与经济发展造成极大的负面影响。随着长江流域"共抓大保护,不搞大开发"的理念逐步实施,可以预见长江流域的常态污染现状将得到有效缓解。但经济社会发展造成的资源环境压力日益加剧,突发环境事故将逐渐成为长江下游大型城市水资源安全的主要潜在威胁。

当前我国绝大多数城市都是采取单一水源的供给形式,特别是在以水质较好的长江主江段开放水源为主的沿江城市,一旦有突发环境事件,城市水源受到污染的概率就会大大增加。长江是我国第一大河,世界第三大河,多年平均水资源总量为9 958亿 m^3,支流众多,水系发达。其流域范围横跨我国东、中、西三大经济区,交通条件优越,汇集大量钢铁、汽车、电子、石化等现代企业,以及大批高耗能、大运量的工业行业和特大型企业,形成的长江经济带是我国经济发展的重要支撑。同时,对于长江水安全也存在诸如长江沿线化工园区的污染排放、航道运输产生的突发性污染等隐患。随着水路运输逐渐成为长江沿岸石化行业原料和产品运输的主要方式,石油与化学品也成为长江流域主要的污染源之一(王海潮 等,2016)。而城市道路交通造成的危化品泄漏(Machado et al.,2018)同样对周边的生产生活造成巨大威胁(Zhang et al.,2007)。长江干线危险化学品年吞吐量已达1.7亿 t,运输量年均增长率达10%,发生危化品泄漏,造成突发性水污染的风险持续加大(环境保护部 等,2017)。目前针对河流危化品污染,由于污染源本身及承载环境都具有很大的随机性,所以两者相关联的定量研究较少。

1.1.2 研究意义

形成城市水源地的安全体系,不仅仅要求城市水源地在平时能够提供稳定优质的水资源,还要求在突发污染事故时,具备一定的应急响应能力,尽可能减少对城市产业生产用水和居民生活用水的影响。随着城市化的扩张、长江干流沿线工厂监管的行政力量加大,长江水污染逐渐从干流向支流、沿江城市集中水源地过渡。生态环境部2018年全国地表水环境质量状况显示,长江干流水质为优,监测断面基本达到Ⅲ类水及以上的水质标准,情况明显好于支流水质。长江沿线的工厂建设基本达到稳定状态,一些高耗能高耗水企业逐渐向支流及饮用水水源地转移。在以化学耗氧量、氨氮控制为导向的水污染防治政策体系的背景下,氨氮治理效果显著,以点源方式排放的城市工业、生活污染源逐渐得到控制(Wang et al.,2017;Yan et al.,2018)。

南京地处长江中下游,水量充沛,但本地水资源量远远不能满足城市经济社会需水量的要求,必须依靠客水资源补给。南京主城区长期以来一直依赖长江水源地供水,随着区域供水工程的建设,现状长江南京段的水源地供水管网已经覆盖整个南京市,供给全市90%以上的居民生活用水。依托单一水源的供水系统,长江南京段水源地在遇到系统突发污染事件时,应急供水能力不足将造成极大的负面影响。随着《南京市沿江开发总体规划》的实施,沿长江形成产业带的现状布局,导致水污染加重、水生态恶化等问题较为突出;而《长江经济带发展规划纲要》(2016)进一步明确南京作为特大城市的地位,以及南京江北新区建设上升为国家战略所带来的江北经济的不断发展,使得南京市对水资源数量与质量的需求不断提高。目前南京市仅拥有3个独立应急水源提供的共计17万t/d的应急供水规模,远远无法满足主城区近450万人的应急需求,这成为城市水源应对突发水污染的重要制约因素。

因此,对城市水源地的应急体系展开研究,是完善城市水安全和城市水源地保障能力评价的重要组成部分。长江南京段作为南京市最重要的水源,规避突发性水污染事故的能力不强。本书通过对南京市集中水源地安全与应急保障的研究,为长江沿江城市水源安全保障体系提供理论基础,为应急水源建设与应急对策制定提供实践参考。

1.2 国内外研究进展

1.2.1 国内外水安全研究

自2000年第十届斯德哥尔摩"世界水周"论坛上提出"21世纪水安全"概念以来,水安全的理念就引起了国际的广泛关注和认同(郭梅 等,2007)。斯德哥尔摩论坛在1999年、2011年、2013年较多地讨论了城市的水安全问题:1999年,主要关注的是城市用水和卫生问题;2011年由于水治理工程技术问题专项新技术支持及新生活方式的转变,开始综合考虑水资源安全与城市社会经济;2013年则强调通过市政、城市、国家、区域、跨国界乃至全球的尺度去寻求水资源的合作,建立以城市为主要协作单元,其他空间共同构建的水安全合作平台(陈筠婷 等,2015)。

不同学者对水安全的概念认识有所不同,因而水安全的定义较为多样化,通常是采用水源安全的核心属性,再根据具体研究添加相关的附加属性来定义(Hoekstra et al.,2018)。Grey等人(2007)认为,水安全是考虑到对人类、环境和经济具有可接受的风险水平后,能够为卫生、生计、生态系统和生产提供的水源;全球水伙伴(GWP,Global Water Partnership)(2007)则认为,水安全是可持续利用和保护水资源,保障对人类和环境的水功能和服务的获取,以及防止与水有关的危害。总体而言,广义上认为水安全是水资源管理的方向,在具体的研究中,水安全问题往往与社会经济福利、社会公平、可持续发展以及水资源相关风险等问题结合起来进行研究(Hoekstra et al.,2018)。

水安全与人类生活、经济发展、社会稳定息息相关,随着经济发展与城市化的进程,更多的人集聚在城市的范围内,城市的水安全问题愈加突出。而建立有效、可信、突出的指标是评估城市水安全的重要方式(Jensen et al.,2018),因而部分学者通过水安全评价指标、框架的建立,来评估和检查区域、城市的水安全。Jensen等人(2018)通过co-production的方法制定了一套水安全评价指标,并在新加坡和中国香港地区进行应用,为城市水安全评价的推广奠定了基础。Hoekstra等人(2018)通过对城市水安全不同观点的综合分析,再从城市水安全的系统角度出发,将"压力—状态—影响—响应"结构作为分析框架,对城市的水安全进行系统综合性的分析。Paton 等人(2014)通过开发一个集成框架,来评估城市供水线系统在气候变化下非传统来源的水安全性。Romero-Lankao 等人(2016)通过五个指标来建立城市水安全的综合框架,同时考虑城市化和城市区域系统的相互作用,来评价城市的水安全。水管理是水安全的重要保障之一,不同区域、城市之间的水管理需要一定的政策性、协调性,水资源管理的方案、措施也是水安全的主要研究内容之一。Nel 等人(2017)认为识别战略水源地及其与下游用户的联系,可以为实现跨多个政策部门的空间规划提供机会,从而使政府、企业和公民社会之间的协作成为新的模式。Cook 等人(2012)则综合考虑水资源安全管理的优势和不足,针对性地提出水资源综合管理的应对措施。

目前国内的城市水安全研究多集中在城市水安全的概念体系构建、城市水安全评价方法以及水安全问题的实践研究这三个方面。陈筠婷等人(2015)在自然科学的基础上,强调从社会人文的研究视角,从安全的原意出发探讨城市水安全的归属,阐释城市水安全的主体关系,进而总结出具有人文特征的城市水安全概念。很多研究关注城市水安全评价体系的构建,根据城市本身的特征,选取相应的评价指标,通过指标权重的确定来分析城市水安全的限制因子,从而去定量评价城市的水安全状况。例如,陈祖军等人(2017)从沿海地区的水资源特性出发,分析沿海城市水资源安全的基本内涵和外延,并以上海市为例,提出城市水资源安全的保障或发展战略体系与框架;张自英等人(2017)采用PSR 模式建立水安全评价指标体系,并结合综合指数法对台州市 2011—2015 年的水安全状况进行综合评价;Lu 等人(2016)基于一种 Vague 集的水安全评价方法,设立不同的水安全指标,通过 AHP 和 Delphi 方法确定不同指标的比重,从而建立了 Vague 集的相似性度量模型,对成都市的水安全进行了定量评价。

城市用水主要来源为集中式饮用水水源地,饮用水水源地安全问题是城市水安全的重要研究内容之一。国际经验表明,城镇化率达到 50% 之后是水污染事件的高发期,而早在 2011 年我国的城镇化率就达到了 51.3%,之后连续出现多次水污染事件(仇保兴,2013)。朱党生等人(2010)对城市饮用水水源地安全的概念内涵进行解析,将其定义为:水量保证率和水质合格率满足规定的指标,且具备应急和备用供水能力。我国目前的水源地安全研究多偏向水质指标的评价,通过单因子或综合指标评价的方法来评价水源地安全,针对水源地水源水量、风险和应急能力以及总体的安全状况评价较为薄弱,有待进一步的研究。

1.2.2 国内外城市水源应急体系研究

不同于一般的水污染,突发性水污染事故无固定的排放方式和排放途径,发生突然、来势迅猛,在瞬间或短期内会排放大量污染物进入水体(杨小林 等,2014)。水污染事件应急系统的建立包括应急组织结构、响应机制和联动机制三个方面(汪杰 等,2010)。我国的应急供水体系相对薄弱,受到极端事件和突发水污染事故的影响较大(卞戈亚 等,2014),在水源地应急方面,也有学者做了大量研究。

部分学者从城市水源地安全评价的角度出发,去评估水源地可能存在的风险,确定水源地的应急等级,并制定相应的应急措施。焦士兴等人(2012)考虑水量、水质等方面,构建了基于三角模糊函数的城市饮用水水源地安全评价模型,并对河南省安阳市饮用水水源地安全程度进行评估。Zhang X J 等人(2015)研究了水安全预警的两种指标体系,包括干旱条件下逐步变化的预警指标体系和突发性水污染急性事件指标体系,并在江苏省南通市通州区进行了实际应用。Qu 等人(2016)开发了一种基于循环校正改进 G1 法的两阶段评价系统以确定最佳的应急处理技术方案,能够方便对饮用水水源安全应急处理技术的评价和选择进行科学分析。

部分研究通过水质模型,模拟突发污染事故的影响(吴辉明 等,2016),针对性地提出水安全应急措施。例如,Zheng 等人(2018)通过建立三维水动力-水质模型,模拟了突发水污染事故对丹江口水库的影响,并根据模型模拟结果提出相应的预防和应急管理的科学建议;庄巍等人(2010)以长江江苏段为例,建立水动力-水质一维、二维模型,构建江苏段水源地风险预警模型,为水源地水污染事故风险预警应急工作决策提供科学依据。还有一些研究关注城市应急备用水源的需求与规模。例如,周晔等人(2013)基于故障树法分析水源地突发水污染导致的供水中断时间,并结合应急用水定额计算应急预留水量估测值,为应急预留水量的配置、储备等提供了依据和模型支持。王洋等人(2012)基于水力模型,重点研究了城市应急备用水源的需求和规模确定方法,确定了东莞市的城市应急需水量。特定的流域在应对突发水污染事故时,存在一定的预警体系和联动机制。比如说,杨小林等人(2014)对长江流域跨界水污染问题进行研究,认为应急事故联动响应机制包括信息沟通机制、协调处理机制和奖惩机制三个部分;张芳等人(2010)则针对南四湖流域提出了应急体系的构想。

1.2.3 国内外水源地风险源识别与水质模拟研究

有效识别水源地潜在风险源,是应对突发水污染事件的基础。Lennox等人(1998)对北爱尔兰、英格兰及威尔士的农业面源突发污染进行了对比研究,分析了发生突发污染事件次数的变化规律及成因。Hoekstra(2000)对长期内水源供应的风险进行了讨论。管桂玲等人(2018)研究了长江南京段饮用水水源地风险源,构建了风险评估体系和方法,并评估了饮用水水源地风险等级。侯成程等人(2014)确认了崇明岛东风西沙水源地主要潜在风险源为工业企业和航运船舶。何向明等人(2008)以北江流域佛山段水源地为对象,对北江的沿流域污染风险以及北江水源下游某取水口断面多年来的污染风险进行了分析和评价。

利用模型确定水源地突发性污染事故污染物的扩散过程,建立针对性的突发性污染事故预警系统是实现水源保护的有效手段。在有效识别水源地风险源的基础上,探讨发生突发性污染事故后的污染物迁移转化过程,建立水源地突发性污染事故预警系统,可有效预防和治理突发性污染事故和突发性污染物。目前对发生突发性污染事故后的污染物迁移转化过程的研究,主要以水流、水质数学模型为基础;水流数学模型是描述水体水文特征的流场时空分布规律的数学模型,水体中流场特性决定了污染物的分布特征,是水质模型的关键基础;水质数学模型是指用于定量描述污染物在水体中迁移、扩散、衰减转化过程的数学模型,是对水体中污染物随空间和时间迁移转化规律的数学描述。

其发展大致可分为三个阶段。第一阶段(20世纪20—70年代)是水质模型的萌芽期,该阶段主要研究BOD和DO之间的相互作用。1925年,Streeter

和 Phelps 在研究俄亥俄河的污染问题时首次提出"水质模型"的概念,并建立 Streeter-Phelps 模型对该河流水质进行了模拟。之后的一段时间内,一些学者对 Streeter-Phelps 模型进行了修正与改进。Howland 等人(1949)提出 BOD 随泥沙的沉降而消耗;O'Connor 等人(1970)提出藻类光合作用是溶解氧波动的主要原因。第二阶段(20 世纪 70—80 年代)是水质模型的发展阶段,从 BOD-DO 扩展到氮、磷、藻类等多种水质成分之间的相互作用研究。随着计算机技术的发展,开始出现多维模拟、形态模拟、多介质模拟、动态模拟等多种特征的模型研究。第三阶段(20 世纪 80 年代至今)中,水质模型一方面不断深化,如考虑吸附性污染物质等物化过程的仿真模拟,还与其他水文模型综合完善(张昊 等,2010),广泛应用于流域污染的研究。

随着理论的成熟,出现了诸多的水质模型,如 EFDC 模型(段扬 等,2014;李林子 等,2011)、WASP 模型(张永祥 等,2009;姜雪 等,2011;姜雪 等,2012)、QUAL 模型(Debele et al.,2008;Zhang Z et al.,2015)以及 MIKE 模型等。Seo(2011)利用 EFDC 和 WASP 7 模型研究了提高 Yongdam 湖水质预测准确性的方法;邹锐等人(2017)利用 EFDC 构建的三维模型,分析滇池中的氮、磷营养盐的通量与存量,更精确地研究了滇池富营养化的控制阈值。杨家宽等人(2005)应用 WASP 6 模型对汉江襄樊段进行水质模拟研究;唐迎洲等人(2006)对 WASP 5 水质模型进行优化,模拟平原河网的水环境,并应用于苏州市城市中心引调水工程,为引调水工程实际方案的确定提供了理论依据;孙文章等人(2008)采用 WASP 水质模型对东昌湖水质状况进行模拟,验证了 WASP 模型的适用性,为城市污染控制提供依据;李林子等人(2011)则利用 EFDC 和 WASP 建立了南京化工园突发性污染事故影响的预测模型,并进行了事故情景模拟;Yenilmez 等人(2013)利用 WASP 水质模型对乌卢巴特湖营养元素磷进行分析,模拟不同磷负荷减少方案对营养元素浓度的影响,有效预测了乌卢巴特湖的营养浓度与水质状况,为湖泊磷负荷的管理提供了理论依据。Cho 等人(2010)利用 POMIG 算法改进 QUAL2K 模型,综合考虑河段上下游的差异进行参数优化,应用于韩国南大川河,提高了 QUAL2K 模型的模拟精度。Zhang 等人(2011)利用一维水质模型与 SD-GIS 模拟了水体中污染物的时空变化过程。陈鸣等人(2012)以水情遥测站、水质自动监测站的实时数据为基础,采用 FloodWorks 程序构建水质实时预警系统。

MIKE 21 是丹麦水利研究所(Danish Hydraulic Institute,DHI)开发的系列专业工程软件,包含水动力(Hydrodynamic)模块、对流扩散(Transport)模块、水质水生态(ECO Lab)模块、黏性泥沙(Mud Transport)模块、粒子追踪(Particle Tracking)模块、非黏性泥沙(Sand Transport)模块等,适用于河流(Zolghadr et al.,2010;Zhang et al.,2012)、湖泊(Zhu et al.,2013;杨晨 等,2017;梁云 等,2013;李大鸣 等,2018)、河口(乔飞 等,2017)、海湾、海岸及海洋的水流、波浪(董志 等,2016)、泥沙与环境(张守平 等,2013;徐帅 等,2015)等的多维仿真模拟,可以用于模拟水体的水流动力和污染物迁移过程。常旭等人(2013)基于 MIKE 11 模型构建了流域水动力和水质耦合模型,并研究了不同情景下该流域水质变化趋势。朱茂森(2013)将 MIKE 软件应用于辽河流域,建立辽河流域一维水质模型,模拟污染物在水体中迁移扩散和衰减过程,为辽河上游水域排放值限定提供了依据。钱海平等人(2013)针对平原感潮河网复杂的水文和水质特点,应用 MIKE 系列软件建立了平湖市水环境模型,为平湖市水环境综合整治、决策提供了依据。武春芳等人(2014)基于 MIKE 二维水质模型,综合考虑影响湖泊富营养化的有机、无机营养物的输移扩散过程,建立了浅水湖泊富营养化耦合模型,得出迎泽湖营养物质输移扩散及时空分布规律。王彪等人(2016)基于 MIKE 模型中的 ECO Lab 模块,将氮/磷营养元素的沉降、吸附、消解等过程考虑在内,建立了长江河口氮/磷扩散和转换的水质模型,对长江河口的环境管理和保护具有重要的意义。胡琳等人(2016)利用 MIKE 11 模型构建了流域水动力-水质耦合模型,模拟了上游水污染突发事故后污染物的扩散过程。俞云飞等人(2016)采用 MIKE 11 模型软件建立水动力-水质耦合模型,对我国北方某水源地水质趋势变化进行了模拟。

1.2.4 国内外应急对策研究

应急供水(刘宁,2013)是指应对突发水污染事故造成的供水破坏所采取的快速响应措施,包括预防、准备、响应、处理、恢复等,目的是减小污染范围,控制破坏程度,降低负面影响,以尽可能快的速度和较小的代价终止紧急状态,在水污染事故造成的影响消除后恢复正常供水。水污染事故具有不确定性、突发性、危害性,因此需要建立完善的应急供水体系,以便制定合理有效的应急供水策略,从而在最短的时间内将污染事故对正常供水的破坏降到最低。近年来,国内外诸多专家学者(房彦梅 等,2014;练继建 等,2013;Zheng et al.,2017;Amirkani et al.,2016)对应急供水进行了大量的研究,这对于居民生活和社会稳定发展具有十分重要的理论价值和实际意义。

当发生突发水污染事故时,仅仅依靠常规水源无法满足用水户的需水要求,此时需要利用应急水源(王洋 等,2012;周燕,2012;李爱花 等,2016)补充供水,有效利用应急水源来满足短期供水需求是应对供水危机的有效措施。周晔等人(2013)根据应急水源在实际供水时的特殊性,建立了案例分析技术和限额法相结合的风险分析方法,并利用故障树法对多种突发水污染事故进行了风险分析,并且在此基础上利用模型计算了应急水源的实际储备量。Reichard等人(2010)提出将地下水作为应急水源的应急供水框架体系,并分析利用该应急水源的成本以及应急效益,为有效评估应急水源应用价值提供了较为可靠的依据。Lan等人(2015)构建描述地下水运动的数值模型,并将其应用至地下水污染评估模型中,进一步评估地下水作为应急水源在实际应用中的风险。王献辉等人(2012)以南京市为研究背景,提出以金牛湖为主,山湖水库、三岔水库为辅,共同构成该地区应急备用水源,为该地区突发水污染事故提供有效的保障措施。魏永霞等人(2016)以地下水作为备用水源,构建基于水文地质的数学模型并利用数值法进行求解,得出了地下水作为备用水源的设计日开采量,为保障应急水源的稳定性提供了科学的理论依据。

为了防止应急水源的储存水量无法有效地满足突发水污染事故或者其设计规模较大造成的水资源的浪费,有必要建立预测模型(吴凤平 等,2018;程建民 等,2017)来确定应急水源的合理规模。周晔等人(2013)针对应急预留水量需求的特点,利用模型计算突发水污染事故造成的正常供水中断时间,结合水源地供水定额标准预估预留水资源量,为应急水源设计规模提供了理论依据与技术支持。王洋等人(2012)利用水力学模型模拟突发水污染事故污染物迁移过程,在此基础上进一步确定应急水源需求和规模。当发生突发水污染事故时,应急水源无法满足供水需求,此时需要缩减正常生活用水定额,制定能够满足居民生活、生产的应急用水定额。阎官法等人(2005)在充分调查城市用水现状的基础上,确定最低用水定额作为应急用水定额,制定科学的应急供水方案。李翠梅等人(2014)构建城市居民生活用水最低保障量体系,可以为确定各类应急状况下应急供水规模提供较为科学的理论依据。吴晓东(2010)利用用水定额优化分配模型为应急预案下各类用水户的水资源分配提供了较为详细的分配依据。

对于突发水污染事故,启用应急水源在一定程度上改变了原有的水资源供需格局,因此有必要制定更为完善的、考虑应急水源作为新增或替代供水水源的水资源调度模型(Loo et al.,2012)。目前,针对水资源配置已经有了较为完善的理论和优化计算模型(孙凌虹 等,2011;王俊,2012;王浩 等,2016),诸多学者在此基础上建立了应急供水模式下的水资源优化配置模型。孙颖等人(2013)以北京怀柔应急水源地为研究对象,建立该地区应急水源允许风险评价指标体系,并以此为基础制定相应的水资源调控模型指导实际应急调度,具有理论价值和实际意义。姜国辉等人(2006)在辽河流域进行应急调水补偿量核算研究,在该流域水资源的优化配置模型中增加应急水源,并且确定相应的调水补偿量,为有效指导应急调水提供了科学的依据。杨程炜等人(2018)利用改进的NSGA-Ⅱ算法针对清江中下游地区构建应急调度优化模型,进行多目标优化,并且提出了多水库联调情形下的应急供水调度方案。

1.3 研究内容与技术路线

1.3.1 研究内容

本书针对人口增长与经济快速发展引起的城市水资源供求矛盾问题,聚焦依赖长江干流过境水供水的中下游经济发达地区因突发水污染导致的供需矛盾。围绕这个主题,本书首先从用水结构、供水水源地水质,以及突发水污染事故分析三个方面,对沿江城市水源地水安全潜在危险源进行辨识;而后通过建立基于二维水动力-水质模型的感潮河段污染源迁移模型,设定突发污染事故条件及特征污染物情景,定量分析污染物迁移对各水源的影响;最后概化"水源—水厂—供水区"三节点应急供水系统,结合突发污染物迁移对各水源的影响,建立多水源应急供水配置模型,结合不同的应急水源启用情景,模拟现有应急水源、规划应急水源,以及本书建议设置应急水源三个方案的水安全保障效果,建议采用本书建议设置的应急水源方案。研究可为长江中下游沿江城市水源安全保障体系提供理论基础,也为应急水源建设与应急对策制定提供实践参考。

(1) 水源地水安全潜在危险源辨识。首先从城市用水总量、用水结构变化及其驱动因素的角度,分析城市结构性缺水问题;其次根据多年水质资料,分析城市集中式饮用水水源水质变化趋势;最后通过突发污染事故统计分析,对研究区内长江水源地突发性污染物进行预测。

(2) 突发水污染物迁移转化过程模拟。根据水力学和流体力学的基本原理以及污染物迁移转化规律,建立水动力-水质数学模型,将突发水污染事故作为常规水质模拟的一种特殊工况进行处理,模拟污染物扩散过程;针对研究区的水文特征,在感潮河段、主泓区与汊道、南北两岸等水文地形条件下,结合特定的事故情景条件,建立二维水动力-水质模型,探究突发水污染事故对城市水源地的影响差异。

(3) 多水源应急供水方案决策模型及应用。基于突发水污染事故污染源的迁移转化过程模拟,结合"水源—水厂—供水区"供给模式下的多水源联合调配、突发水污染响应机制以及分段供水等多种技术,构建多水源应急供水配置模型;针对模拟突发水污染事故的影响程度,通过启用不同规模的应急水源,降低突发水污染事故导致的缺水持续时间,以及提高城市供水保证率,形成城市应急供水配置方案。

1.3.2 技术路线

本书技术路线如图1-1所示。

(1) 水源地水安全潜在危险源分析。运用信息熵理论与灰色关联法,分析南京市用水结构变化趋势,探究城市结构性缺水问题;采用水质综合污染指数方法,分析城市水源地常规污染趋势;结合研究区域突发水污染事件统计分析,突发性污染成为沿江城市水源地水安全的主要潜在危险源。

(2) 感潮河段水文特征影响下的污染源对沿江城市水源地水安全的影响。基于二维水动力-水质模型和感潮河段水文特征,依据水下地形、控制站流量、

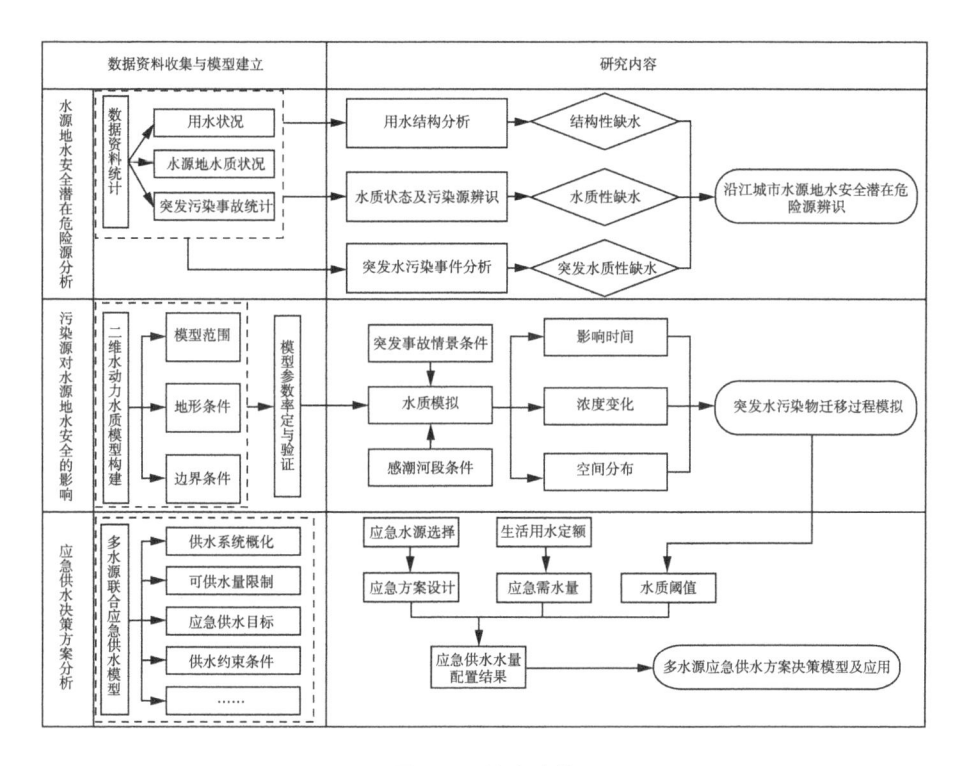

图 1-1　技术路线

下游边界水位站潮位等数据,根据水力学和流体力学的基本原理以及污染物迁移转化规律,建立了长江下游(大通至徐六泾)突发水污染过程模拟的二维水动力-水质模型。在特定的事故情景条件下,探究突发水污染事故对水源地水安全的影响。

(3) 污染物迁移过程影响下的沿江城市应急供水决策方案分析。基于突发水污染事故污染源的迁移转化过程模拟,结合"水源—水厂—供水区"供给模式下的多水源联合调配、突发水污染响应机制以及分段供水等多种技术,构建多水源应急供水配置模型。针对模拟突发水污染事故的影响程度分析各供水水源地的水质阈值,判断供水水源地是否可用;同时根据不同应急程度,确定应急需水量;最后确定应急状况下可供水的应急水源地,通过启用不同规模的应急水源,减少突发水污染事故导致的缺水持续时间,以及提高城市供水保证率,形成城市应急供水配置方案。

1.4 研究主要依据的文件

1.4.1 各级文件对水源安全保障的要求

饮水安全问题涉及人民群众的生命健康及经济社会的可持续发展，是城市发展水平和质量的一个重要标志。随着工业污染加剧，近年来很多地区都发生过水源污染事故，进而引发城市供水危机。因此要加强饮用水水源保护，保障供水安全，维护人民群众生命健康，促进经济社会可持续发展。

(1) 根据国务院《水污染防治行动计划》(国发〔2015〕17 号)，单一水源供水的地级及以上城市应于 2020 年底前基本完成备用水源或应急水源建设，有条件的地方可以适当提前。

(2) 根据《江苏省人民代表大会常务委员会关于加强饮用水源地保护的决定》的要求，"有条件的地区应当建设两个以上相对独立控制取水的饮用水源地；不具备条件建设两个以上相对独立控制取水饮用水源地的地区，应当与相邻地区签订应急饮用水源协议，实施供水管道联网"。

(3) 2011 年 10 月，《省政府办公厅转发省水利厅等部门关于开展全省集中式饮用水源地达标建设意见的通知》(苏政办发〔2011〕153 号)，决定在全省开展集中式饮用水水源地达标建设工作，落实最严格的饮用水水源地保护措施，全面提高饮水安全保障水平。

(4)《江苏水利现代化规划(2011—2020)》提出"到 2020 年 13 个省辖市及有条件的县市应具备两个以上水系相对独立的饮用水源地，并互为备用"。

(5) 2015 年 5 月，江苏省水利厅科技委专家组《关于加强南京市集中式饮用水源地建设与保护的调研报告》建议加快南京市应急备用水源地建设。

1.4.2 主要依据

《中华人民共和国水法》《中华人民共和国水污染防治法》《中华人民共和国水土保持法》《中华人民共和国渔业法》《中华人民共和国环境保护法》《中华人民共和国城乡规划法》《取水许可和水资源费征收管理条例》《城市供水条例》

《饮用水水源保护区污染防治管理规定》《江苏省长江水污染防治条例》《南京市水资源保护条例》等法律法规。

《江河流域规划编制规程》(SL/T 201—2015)、《水利水电工程水文计算规范》(SL/T 278—2020)、《水质采样技术规程》(SL 187—96)、《城市给水工程规划规范》(GB 50282—2016)、《水利水电工程环境影响评价规范(试行)》(SDJ 302—88)、《江河流域规划环境影响评价规范》(SL 45—2006)、《地表水环境质量标准》(GB 3838—2002)、《污水综合排放标准》(GB 8978—1996)、《生活饮用水卫生标准》(GB 5749—2022)、《渔业水质标准》(GB 11607—89)、《农田灌溉水质标准》(GB 5084—2021)、《地表水资源质量标准》(SL 63—94)等技术标准、规程、规范。

《南京市城市总体规划(2011—2020年)》《南京市水资源综合规划》《南京市国民经济和社会发展第十四个五年规划和二〇三五年远景目标纲要》《南京市水利现代化规划(2011—2015)》《南京市水资源保护规划》《南京市集中式地表水饮用水水源地突发性环境事件应急预案》《南京市突发性供水事故应急预案》。

第 2 章

长江经济带典型城市水文特征及概况

第 2 章

第 2 章 长江经济带典型城市水文特征及概况

2.1 自然地理概况

2.1.1 地理地貌

长江经济带横跨我国东中西三大区域,在我国经济社会发展和生态保护中具有十分重要的战略地位。江苏拥有 369 km 长江深水航道,是东部和中西部依托长江黄金水道,联系新亚欧大陆桥,实现联动协同发展的战略区域,是长江经济带重要组成部分。

南京位于长江下游沿岸,北连江淮平原,东接长江三角洲,处于长江下游中心区域,市域形状略呈南北长条形,南北最长约 150 km,东西最宽约 70 km,市域面积 6 587.02 km^2。南京是江苏省省会,地处江苏省西南部,东部与江苏省扬州市、常州市、镇江市毗邻,南、西、北部分别与安徽省宣城市、马鞍山市和滁州市接壤。

南京地质构造属于下扬子台褶带,从元古代震旦纪至中生代三叠纪漫长的地质年代中,多次经历印支和燕山地质构造活动,形成现在的低山、丘陵和平原三种地形特征。地貌特征属宁镇扬丘陵地区,以低山缓岗为主,低山占市域面积的 3.5%,丘陵占 4.3%,岗地占 53%,平原、洼地及河流湖泊占 39.2%,地形复杂,低山、丘陵、平原纵横交错分布。

2.1.2 气象水文

南京地处中纬度大陆东岸,属北亚热带季风气候区,具有季风明显、降水丰沛、春温夏热秋暖冬寒四季分明的气候特征,多年(2000—2015 年)平均降水量 1 126.9 mm。据历史资料统计,降水年际间变幅较大,年最大降水量 1 713.9 mm(1991 年),年最小降水量 528.4 mm(1978 年)。汛期(5—9 月)降水量约占全年降水量的 60%～70%。每年 6—7 月有一次梅雨过程,梅雨期间常遭受多次大暴雨袭击,容易形成洪涝灾害。每年 7—10 月还会遭受 1～3 次热带风暴和台风的外围影响。多年平均气温 16.5℃,极端最高气温 43℃(1955 年 1 月 6 日),多年平均日照 1 912.5 h。冬季以西北风为主,夏季以东南风为主,多年平均风速 3.6 m/s,极端最大风速 39.9 m/s(1934 年 7 月 1 日)。

长江南京段属长江下游感潮河段,水流基本为单向流,水情主要受长江径流控制,同时水位受海平面波动的影响。安徽大通站是长江下游最后一个径流控制站,大通至南京区间内入江流量只占大通站径流量的 3% 左右,因此大通站的流量特征基本反映了长江南京段的径流特征。

根据 1951—2014 年长江大通站的径流量实测资料统计,大通站多年平均流量为 28 230 m³/s,相应多年平均径流量 8 905 亿 m³;历年最大径流量为 1954 年的 13 577 亿 m³,历年最小年径流量为 1978 年的 6 672 亿 m³。

表 2-1 大通水文站水文资料统计信息

	项目	特征值
流量(m³/s)	历年最大洪峰流量	92 600(1954 年 8 月 1 日)
	历年最小枯水流量	4 620(1979 年 1 月 31 日)
	多年平均	28 230
	多年平均(三峡蓄水前 1951—2002 年)	28 621
	多年平均(三峡蓄水后 2003—2015 年)	26 533
径流量(10⁸ m³)	历年最大	13 577(1954 年)
	历年最小	6 672(1978 年)
	多年平均	8 905
	多年平均(三峡蓄水前 1951—2002 年)	9 026
	多年平均(三峡蓄水后 2003—2015 年)	8 379

图 2-1 至图 2-3 反映大通站年径流量、洪季径流量以及枯季径流量的年际变化及其相应变化趋势(线性回归),可发现 1951—2014 年大通站年径流量总体呈现轻微下降的趋势。通过对比洪季和枯季径流量变化趋势可以发现,洪季径流量呈现下降趋势,而枯季则明显呈增长趋势。结合表 2-1 中三峡大坝蓄水前后年径流量相差 647 亿 m³,表明中上游大坝等水利工程的建设对长江下游的径流量影响较大,为长江下游进行季节性调蓄起到了关键的作用。

长江流域地处季风气候区,降水时空分布主要受季风活动的影响,流域降水多集中在夏季,冬季仅有少量雨雪,这就导致了径流在一年内有明显的洪、枯变化。图 2-4 反映大通站多年月均径流量年内分布情况,可以发现,年内以 7 月份最大,占全年的 14.62%;1 月份最小,占全年的 3.32%。径流量主要集中

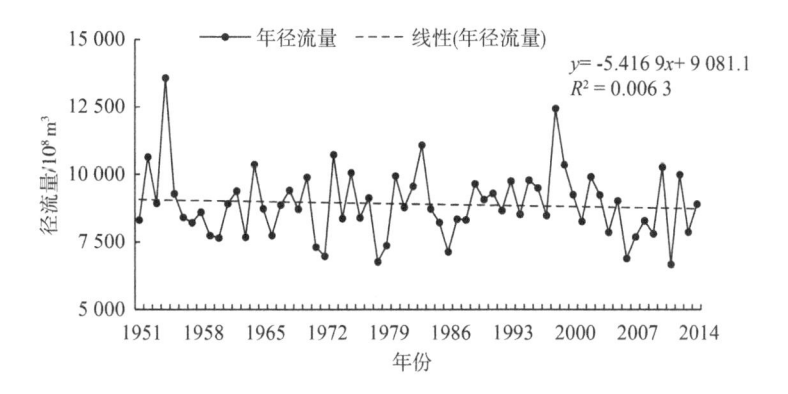

第 2 章 长江经济带典型城市水文特征及概况

图 2-1　1951—2014 年大通站年径流量变化趋势

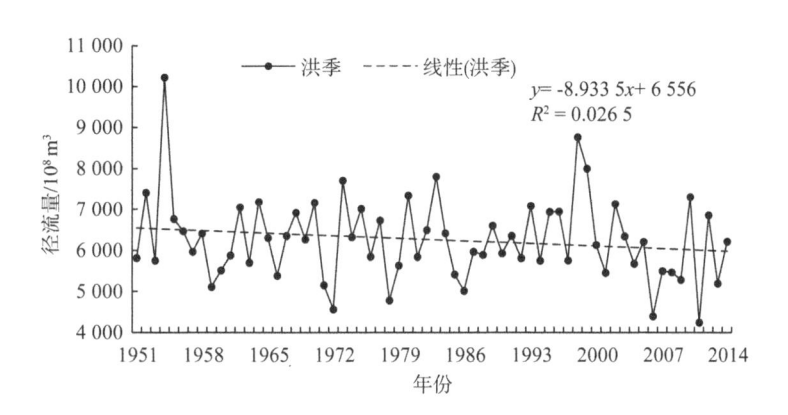

图 2-2　1951—2014 年大通站洪季径流量变化趋势

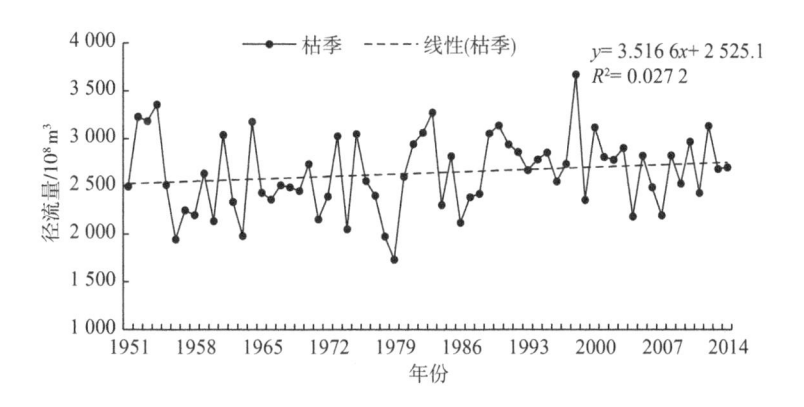

图 2-3　1951—2014 年大通站枯季径流量变化趋势

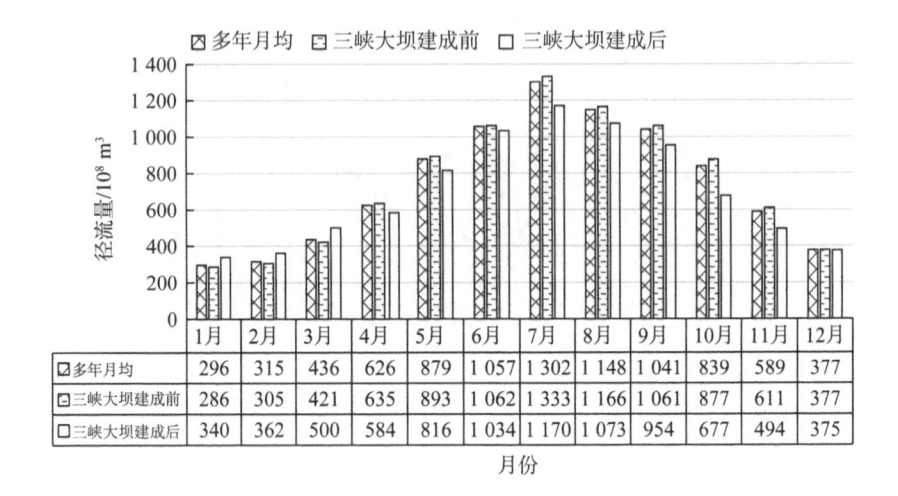

月份	1月	2月	3月	4月	5月	6月	7月	8月	9月	10月	11月	12月
多年月均	296	315	436	626	879	1 057	1 302	1 148	1 041	839	589	377
三峡大坝建成前	286	305	421	635	893	1 062	1 333	1 166	1 061	877	611	377
三峡大坝建成后	340	362	500	584	816	1 034	1 170	1 073	954	677	494	375

图 2-4 大通站多年月均径流量年内分布

于 5—10 月,占全年的 70.36%;11 月至次年 4 月占全年的 29.64%。将 2003 年前后大通站多年月均径流量进行对比,可以发现三峡大坝季节性调蓄作用明显,年内呈现较大的区别,枯季 1 月径流量较之前增加近 20%,洪季 7 月洪峰径流量较之前降低 12%。

2.2 水资源概况

2.2.1 河流水系

南京市境内涉及长江、淮河、太湖三条水系,其中长江水系是南京市的主要水系,分布在南京市各区县,流域面积 6 287.7 km²,约占南京市国土面积的 95%。淮河、太湖水系很小,淮河水系仅涉及六合区冶山、马鞍两街道,流域面积 128.4 km²,约占南京国土面积的 1.95%。太湖水系仅涉及溧水区和凤镇和高淳区桠溪街道,流域面积 168.7 km²,约占南京市国土面积的 2.56%。

南京市长江水系按河道特征,又可细分出 4 条子水系,自北向南依次是滁河水系、长江南京段沿江水系、秦淮河水系、水阳江水系。因此,南京市境内水系又可分为长江南京段沿江水系、滁河水系、秦淮河水系、水阳江水系、淮河水系、太湖水系6条水系。

南京市境内共有河道116条，其中大江大河干流4条，即长江南京段干流、滁河干流、秦淮河干流、水阳江干流；大江大河分洪道6条，即滁河干流的驷马山河、朱家山河、马汊河、岳子河、划子口河，秦淮河干流的秦淮新河。大江大河干流1级支流河道69条，其中流域面积大于1 000 km² 的支流河道2条，大于100 km² 的支流河道19条；流域面积较大或跨邻省、市的二级支流河道32条，3级支流河道5条。

南京境内湖库众多，6条水系116条骨干河道共连接湖泊8个，其中中型湖泊1个，小型湖泊2个，城市湖泊5个。连接水库251座，总库容5.75亿 m³，其中中型水库13座，总库容3.18亿 m³；小(1)型水库77座，总库容1.85亿 m³；小(2)型水库161座，总库容0.72亿 m³。塘坝11.62万处，库容近2.32亿 m³。南京市水系基本情况如表2-2所示。

表2-2 南京市水系基本情况表

水系名称	涉及区	境内流域面积（km²）	主要河道（条）	湖泊（个）	水库（座）
长江南京段沿江水系	浦口、六合、江宁、雨花台、栖霞、鼓楼、建邺	1 653.0	30	1	36
滁河水系	浦口、六合	1 632.8	38	0	60
秦淮河水系	秦淮、江宁、雨花台、栖霞、鼓楼、建邺、溧水	1 708.0	27	5	73
水阳江水系	高淳、溧水	1 293.9	18	2	63
淮河水系	六合	128.4	1	0	11
太湖水系	高淳、溧水	168.8	2	0	8
合计		6 584.9	116	8	251

2.2.2 长江南京段沿江水系

长江南京段上接长江安徽省马鞍山河段，下连长江江苏省镇扬河段，全长约97 km，河道主泓长99.8 km。左岸起自驷马山河口，流经南京浦口区、六合区，止至六合区小河口，岸线总长89 km；右岸起自慈湖河口和尚港，流经南京江宁区、雨花台、建邺区、鼓楼区、栖霞区，止至栖霞区大道河口，岸线总长

98 km。沿江水系流域面积 1 932 km²，其中南京市境内流域面积 1 653 km²，约占南京市国土面积的 25.09%。

长江中下游顺直（微弯）的分汊河段众多，河段内洲滩交错（张为 等，2007）。长江南京段是典型的分汊型河道，河段内洲滩交错，其平面形态为宽窄相间的藕节状分汊河型，有 4 个束窄段，江中有 7 个沙洲。根据河道特征，自上而下可分为新生洲汊道、新济洲汊道、梅子洲汊道、八卦洲汊道、栖龙弯道、仪征水道 6 段。

长江南京段主流走向呈连续波浪形：走新生洲、新济洲右汊，经新济洲、新潜洲水道到七坝节点，转向右岸的大胜关—梅子洲头，由梅子洲、潜洲左汊进入鼓楼、浦口窄段，再由八卦洲头右沿转到右岸燕子矶，过渡至八卦洲右汊左岸天河口，折向右岸新生圩港区，再转向八卦洲尾汇流段左岸西坝头节点后挑向长江右岸栖龙弯道段，经三江口节点进入仪征水道（吴永新 等，2017）。长江南京段汊道基本情况如表 2-3 所示。

表 2-3 长江南京段汊道基本情况表

名称	平面形态	长度（km）	平均面积（m²）	平均河宽（m）	平均水深（m）
新生洲汊道	基本顺直	4.7	23 311.7	1 841.0	13.3
新济洲汊道	微弯	7.5	23 360.7	1 915.3	13.4
梅子洲汊道	基本顺直	11.1	22 357.0	1 240.7	16.2
八卦洲汊道	基本顺直	13.6	23 388.0	1 127.3	19.4
栖龙弯道	微弯	7.1	34 351.7	1 494.0	23.5
仪征水道	弯曲	8.6	33 766.0	1 625.0	21.4

2.3 城市集中供水水源概况

2.3.1 现状供水水源地

南京地处长江中下游，跨长江两岸，市内河道纵横，湖泊众多，具有丰富的地表水资源，多年平均水资源量 32.22 亿 m³。但人均水资源量仅为 560.23 m³（2015 年，不含长江过境水量），按联合国人均水资源标准属于水资源紧迫地区［水资源紧迫标准 1 000～1 667 m³/（人·a）］。长江南京段水量充沛，多年平均过境水量为 9 038 亿 m³,是本地水资源量的近 300 倍;且水质较稳定,稀释自净能力强,主流区可达到国家Ⅱ类标准,是南京最主要的饮用水水源地。目前,长江两岸有 8 个集中式饮用水水源地,全为河道型水源地,南岸北岸各有 4 个,南岸包括子汇洲水源地、夹江水源地(包括夹江北河口水源地和夹江南水源地,简称夹江水源地)、燕子矶水源地、龙潭水源地;北岸包括桥林水源地,江浦-浦口水源地(简称江浦水源地),八卦洲(左汊)上坝水源地(简称上坝水源地),八卦洲(右汊)主江段水源地(备用)(简称八卦洲备用水源地)。这 8 个水源地呈"一"字形交错在长江南京段两岸,供水范围覆盖北至六合区,南至高淳、溧水两区的整个南京市域范围。按所处位置与长江南京段洲滩关系,夹江水源地与上坝水源地属汊道水源地,其余 6 处水源地属主江段水源地。南京市地下水目前尚未大量开采和利用,年开采量不足 500 万 m³,在本书的水源安全与应急水源研究中对此均不予考虑。

2.3.2 水源地供水能力

长江南京段上的 8 处水源地中,位于长江北岸的桥林水源地与八卦洲备用水源地还未启用,其余 6 处供水水源地共设有 11 处水厂,日供水规模达 380 万 t。如表 2-4 和表 2-5 所示,北岸有江浦、浦口与远古 3 处水厂,日供水规模 75 万 t;南岸有江宁滨江、城南、江宁开发区、江宁科学园、北河口、上元门、城北、龙潭 8 处水厂,日供水规模 305 万 t。其中,江宁开发区、江宁科学园 2 处水厂都在夹江水源地的双闸水源厂取水,在本书的研究中将这两处水厂合并为一处,简称江宁水厂;高淳、溧水两区还有固城湖、中山水库、方便水库三处水源地,但随着南京引江供水工程实施,高淳、溧水两区饮用水改由夹江水源地供水,两区水源地内水厂仅起转供作用,在本书中不再列出。

表 2-4 南京市集中供水水源基本情况

序号	水源地名称	类型	水厂名称	供水范围
1	夹江水源地	河道型	北河口水厂	主城大部分地区
		河道型	城南水厂	主城城南地区及高淳、溧水地区
		河道型	江宁开发区水厂	江宁东山、开发区
		河道型	江宁科学园水厂	江宁科学园区

续表

序号	水源地名称	类型	水厂名称	供水范围
2	燕子矶水源地	河道型	上元门水厂	主城城北地区
		河道型	城北水厂	主城城北及城东北地区
3	子汇洲水源地	河道型	江宁滨江水厂	江宁城区
4	龙潭水源地	河道型	龙潭水厂	主城九乡河以东,江宁汤山地区
5	江浦-浦口水源地	河道型	浦口水厂	浦口区中部地区
		河道型	江浦水厂	浦口区南部地区
6	上坝水源地	河道型	远古水厂	六合区大部分地区、浦口区部分
7	八卦洲备用水源地	河道型	未启用	
8	桥林水源地	河道型	桥林水厂(在建)	

表2-5 南京市集中供水水源供水规模基本情况

序号	片区	属地	水源地名称	水厂名称	现状供水能力(万t/d)
1	江南	主城	夹江水源地	城南水厂	30
				北河口水厂	120
				江宁开发区水厂	30
				江宁科学园水厂	15
2			燕子矶水源地	上元门水厂	20
				城北水厂	25
3			龙潭水源地	龙潭水厂	20
4			八卦洲备用水源地	未启用	
5		江宁	子汇洲水源地	江宁滨江水厂	45
6	江北	浦口	桥林水源地	桥林水厂(在建)	
7			江浦-浦口水源地	江浦水厂	30
				浦口水厂	15
8		六合	上坝水源地	远古水厂	30
			合计		380

2.4 水源应急保障现状

近年来,饮用水安全保障工作受到高度重视,《中华人民共和国水法》《江苏省人民代表大会常务委员会关于加强饮用水源地保护的决定》对加强应急饮用水源建设,保证应急用水,保障城乡居民饮用水安全等都有相关要求。《水污染防治行动计划》(国发〔2015〕17号)、《江苏水利现代化规划(2011—2020)》等文件提出单一水源供水城市应具备两个以上水系相对独立的饮用水水源地。

根据《南京市水资源综合规划》《南京市水利现代化规划(2011—2015)》《南京市水资源保护规划》《南京市饮用水源地建设规划方案》四项规划(方案)制定的应急预案,结合各规划中是否划定应急水源地、是否具备应急供水能力两项,对南京市应急水源进行分析。

1. 湖库应急水源

在全市251座中小型水库中选择72座水库作为应急水源地,其中中型水库13座、小(1)型水库52座、小(2)型水库7座,应急供给现有区县级水厂和街道级水厂;湖泊型共有2处,即石臼湖和固城湖,应急供给溧水、高淳两区区级和沿湖街镇级水厂。但石臼湖、金牛山、赵村、山湖、三岔等地表水备用水源地的配套设施工程还未建设,仅能依靠原有乡镇水厂设备供给当地,不具备跨区域应急补水能力。

2. 地下应急水源

规划中以仙林地区、仙鹤门—栖霞地区和六合北部地区地下水作为全市的地下水应急备用水源地。但仍需改建、扩建现有取水水源工程,才能具备应急调配能力。

3. 河道应急水源

"引江入淳"供应的长江水,可作为南部两区(溧水区、高淳区)的应急水源,供水规模可达每日20万t,满足南部两区的应急需求;八卦洲(右汊)主江段水源地(备用),可作为主城区、江宁区、江北新区(含六合区、浦口区)的应急水源,但缺少必要的取水与供水设施,并且八卦洲(右汊)主江段水源地(备用)没有污染隔离设施,在长江南京段受到污染时,水源地水质可能会受到影响。

城市饮用水应急能力主要体现在应急备用水源储备及应急供水能力、应急监测及管理能力、应急预案及实施保障等方面。南京市虽早就制定了应急规划预案,但跨水系供水连通工程迟迟未动工,仅有高淳、溧水引江供水工程建设完成。导致多数应急预案仍然停留在纸面上,无法进行实际运行、检验。因此,在应急规划预案中,南京市规划有湖库、地下、河道应急水源,但缺乏水系连通工程与跨区域调水工程,导致应急供水能力较差。

2.5 水源安全面临的主要问题

1. 饮用水水源单一问题突出

南京市水资源主要特点是本地水资源不足,过境水量丰沛。南京市现状以长江南京段为集中式饮用水水源地,用水过分依赖过境水,供水结构单一。遇到突发水污染事故时,长江河道型水源地由污染物输移引发水质性缺水风险较高,应急供水能力不足将对城市用水与社会稳定造成极大的负面影响。

2. 突发水污染事故发生风险越来越高

近年来,长江中上游沿江地区化工产业不断向内陆地区转移,再加上长江中下游已是我国传统石化产业聚集区,长江沿线已逐步形成了覆盖上中下游的石化工业走廊,沿线化工产量约占全国的46%。长江干线危险化学品运输量约1.6亿t,年均增长速度保持在7.5%以上,长江干线因危化品水、陆运输增多而导致交通事故,进而使长江水污染的风险大大增加。长江沿线城市基本都是通过引、调、抽等方式取用优质长江水源,但由于城市普遍缺乏应急水源地,用水依赖过境水,导致用水安全程度较低,一旦发生大规模危化品泄漏污染,将直接影响沿线城市的用水安全。

3. 突发水污染事故应急响应能力不足

我国经济高速增长和工业化加速发展造成突发环境事故频发,对城市发展与居民生活带来不利影响,成为民众关注的焦点,全国各地也积极编制应急预案加以应对。但长江中下游沿江城市由于长期以来形成的以长江干流供水为主的单一供水结构,缺乏本地水源应急设施,供水能力不足,环境保护应急响应能力不足,也将加大突发水污染事故的处理难度(Zhang X J et al., 2011)。再加上长江中下游干流还未发生如2005年松花江水污染事故类似的重大水污染事故,应急预案能否在真正发生突发水污染事故时保障城市需水,还未可知。

第 3 章

长江经济带典型城市水源地水安全潜在危险源辨识

第 2 篇

第 3 章 长江经济带典型城市水源地水安全潜在危险源辨识

长江流域水资源总量丰沛,但水资源时空分布不均,尤其依赖长江干流过境水供水的中下游经济发达地区,结构性缺水与水质性缺水问题导致的供需矛盾依然突出。此外,突发性水污染事故不仅造成重大经济损失,而且严重危及工业和生活用水安全。《中国环境状况公报》显示,我国 2005—2010 年共发生环境污染事故 3 560 起(未统计 2007 年),其中水污染事故 1 624 起,占 45.62%。2011—2015 年,年均突发环境事故在 500 起以上,呈现危害变大的趋势。本章主要通过用水总量、用水结构、水源地水质变化情况,分析长江下游城市的水安全现状,并通过南京市突发水污染事故统计,分析具有地域特征的突发性水污染的污染物。

3.1 用水结构分析

3.1.1 研究方法

1. 信息熵

1948 年,香农(Shannon)在信息论中把熵作为信息量的量度,引出信息熵的概念,用以描述系统的不确定性、稳定程度和信息量的定量表征(王栋 等,2001)。信息熵的概念在解决水资源系统分析(刘燕 等,2006)、评价(郑志宏 等,2013)、决策(王小军 等,2011)等方面已经形成了较为成熟的研究方法,信息熵也可以应用于对用水结构状态的评价。与发达国家水资源利用结构相比,我国用水结构由以农业用水为主的初级阶段,发展到农业、工业、生活用水趋于合理的高级阶段,这一演变过程可以近似假设为系统的不可逆过程,故可纳入信息熵的数学模型中(王小军 等,2011;Wang et al.,2015;吴昊 等,2016)。通过对历年信息熵值的计算来反映农业、工业和生活用水比例的分配状态,从而直观地反映用水结构的演变过程,信息熵值越大,表明用水量在各个用水部门分配越平均(Singh et al.,2017;Chen et al.,2015;Kim et al.,2015;Rodrigues da Silva et al.,2016;Zeng et al.,2016)。

设用水系统中用水总量为 W,其中共有 n 种用水类型,每种类型的用水量

为 $w_1,w_2,\cdots,w_n$，则 $W=w_1+w_2+\cdots+w_n$，各类用水比例为 $p_i=w_i/W$，满足 $\sum_{i=1}^{n}p_i=1$，其中 $i=1,2,\cdots,n$。用水系统的信息熵 H 为

$$H=-\sum_{i=1}^{n}p_i\ln p_i \tag{3-1}$$

不同时间尺度内用水类型有多有少，假设整个用水系统只有一个用水户，用水系统就处于非常简单的条件下，此时 $H_{\min}=0$；相反，如果每个部门消耗相同数量的水，即 $W_1=W_2=\cdots=W_n=W/n$，即用水系统内各部分用水最均衡时，水系统是最有序的，此时 $H_{\max}=\ln n$。然而，在实际用水系统中，这两种情况是不可能的，信息熵一般会介于以上两个极端情况之间，即 $H_{\min}\leqslant H\leqslant H_{\max}$。因此，考虑到不同时间尺度内，不同 n 计算的用水结构信息熵不具可比性，引入均衡度 J 进行比较：

$$J=\frac{H}{H_{\max}} \tag{3-2}$$

式中，J 为用水系统的均衡度，是实际信息熵 H 与最大信息熵 $H_{\max}$ 的比值，取值范围为 $J\in[0,1]$，J 越大表示水资源开发利用过程中单一用水类型的优势性越弱，系统结构越复杂，用水系统结构的均衡性越强，系统越稳定(吴昊 等，2016)。

2. 灰色关联度

灰色系统理论着重研究"小样本，贫信息"认知的不确定问题(邓聚龙，1983)。通过从已有数据中提取有用信息，可以处理不确定、缺失或部分信息等问题。在自然界中，大多数系统是不确定的，信息不足。因此，灰色系统在科学领域得到了广泛的应用。灰色关联分析是灰色系统理论的主要组成部分之一。灰色关联分析可用于定量分析发展中系统的驱动力因素，以测量系统中各因素之间的相关性(Pechlivanidis et al.，2015；Zeng et al.，2016)。如果将参考序列设置为 $X_0=\{x_0(1),x_0(2),\cdots,x_0(n)\}$，并将比较序列设置为 $X_i=\{x_i(1),x_i(2),\cdots,x_i(n)\}$，则点 $\gamma(x_0(k),x_i(k))$ 的灰色关联系数计算为(Liu et al.，2005)

$$\gamma(x_0(k),x_i(k)) = \frac{\min_i \min_k |x_0(k)-x_i(k)| + \rho \max_i \max_k |x_0(k)-x_i(k)|}{|x_0(k)-x_i(k)| + \rho \max_i \max_k |x_0(k)-x_i(k)|}$$

(3-3)

式中，$k=1,2,\cdots,N; i=1,2,\cdots,M; \rho$ 为分辨系数，取值范围为 $\rho \in (0,1)$，按最少信息原理一般取 $\rho=0.5$。则比较序列 X_i 与参考序列 X_0 的灰色关联度 $\gamma(X_0,X_i)$ 为

$$\gamma(X_0,X_i) = \frac{1}{N\sum_{k=1}^{N}\gamma(x_0(k),x_i(k))}$$

(3-4)

按灰色关联度分析原则，关联度大，影响因子对用水结构的影响大；反之，影响因子对用水结构的影响小。

3.1.2 用水结构演变分析

1. 用水总量变化

南京是我国东部地区重要的中心城市，依托丰富的长江过境水量，南京市用水总量维持在较高水平，近十年用水总量基本保持在 45 亿 m³ 以上，其中农业与工业用水占据较大比例，随着沿江开发战略的逐步实施，自 2001 年开始工业用水量已超过农业灌溉用水量。2000—2015 年南京市用水总量，以及农业、工业、生活与生态四个类型用水量变化的主要趋势为：2005 年前用水总量，农业、工业用水均呈增长趋势，2005 年后用水总量约在 46 亿 m³ 上下波动，用水最高峰出现在 2011 年，用水量为 48.64 亿 m³，最小值出现在 2015 年，用水量为 42.82 亿 m³；农业、工业用水呈下降趋势，2005—2015 年分别减少 4.46 亿 m³ 与 2.35 亿 m³；生活用水量保持增长，由 2000 年的 7.12 亿 m³ 增长到 2015 年的 10.54 亿 m³；生态用水量自 2005 年开始统计，到 2015 年的 10 年间共增长 1.41 亿 m³，增幅达 50%。2000—2015 年南京市用水部门用水结构变化如表 3-1 所示。

表 3-1 2000—2015 年南京市用水部门用水结构变化　　　单位:%

年份	农业用水 农田灌溉	农业用水 林牧渔业	工业用水 一般工业	工业用水 火力发电	生活用水 城镇生活①	生活用水 农村生活	生活用水 城镇公共	生态用水②
2000	40.64	3.33	17.14	20.94	13.95	3.21	0.78	—
2005	36.71	4.46	15.34	20.69	13.47	2.20	0.84	6.29
2010	31.46	5.06	11.25	21.81	18.23	1.48	0.90	9.81
2011	34.14	4.52	9.45	20.46	19.49	1.47	0.87	9.61
2012	33.91	5.73	8.11	22.16	18.73	1.51	1.24	8.62
2013	31.40	5.92	9.01	22.14	17.21	1.67	1.37	11.28
2014	27.84	5.33	9.08	24.05	18.51	1.62	2.73	10.84
2015	27.05	5.93	10.55	21.93	17.48	2.50	4.64	9.92

注:①城镇生活用水主要包括城镇居民日常生活用水,以及餐饮、服务等第三产业用水;②生态用水主要包括城市内部景观河湖水体更新所引水量,以及河道外城镇绿地灌溉用水。

2. 用水结构的熵值变化分析

按用水类型不同可分为农业、工业、生活及生态四类用水。其中,农业用水包括农田灌溉与林牧渔业用水,工业用水包括一般工业与火力发电用水(火力发电机组直流冷却水),生活用水包括城镇生活、农村生活以及城镇公共用水,再加上生态用水共 8 个用水领域。表 3-1 反映南京市 8 个用水领域 15 年间的用水结构变化:农田灌溉用水在用水结构中占据主导,但比例不断下降;一般工业、火力发电、城镇生活用水占据较大比例,其中一般工业用水比重总体上不断减小,火力发电与城镇生活用水比重总体上持续上升;林牧渔业、农村生活、城镇公共 3 个领域用水比例较小,林牧渔业与城镇公共用水比重呈增长趋势,而农村生活用水比例总体上持续下降;生态用水自 2005 年开始比重不断增加,至 2014 年在用水结构中所占比例已达到 10.84%。

南京市用水结构信息熵与均衡度结果表明,南京市近 15 年用水结构信息熵由 2000 年 1.532 nat 增长到 2015 年 1.860 nat,均衡度由 0.787 提升至 0.894,整体均呈上升趋势,说明用水系统中单一用水结构类型所占比例逐步减小,用水系统的均衡性有所提高,表明南京市水资源利用趋向多元化与合理化。2000—2015 年用水结构演变可划分为三个阶段。

(1) 2000—2004 年,占据主导的农田灌溉用水呈现先下降后上升的趋势,所用水量由 2000 年的 16.14 亿 m³ 降低到 2002 年的 14.98 亿 m³,随后上升至 2004 年的 15.14 亿 m³;一般工业、火力发电与城镇生活用水则出现相反趋势,呈倒 U 形变化。这些变化使得用水结构的信息熵与均衡度在 2000—2002 年不断上升,2002 年达到最大值分别为 1.571 nat 与 0.807,随后下降,整体呈现倒 U 形变化趋势。

（2）2005—2010 年,农田灌溉与一般工业用水逐渐下降,其中农田灌溉用水量由 2005 年的 16.56 亿 m³ 下降至 2010 年 14.48 亿 m³,用水比例由 36.71% 下降至 31.46%;一般工业用水比例由 15.34% 减少至 11.25%。火力发电与城镇生活用水比例不断增加,分别由 20.69% 与 13.47%,增长至 21.81% 与 18.23%。生态用水自 2005 年开始统计,2005—2010 年保持增长。这一阶段用水结构信息熵与均衡度呈波动上升趋势,由 1.688 nat 与 0.812 增长至 1.736 nat 与 0.835。

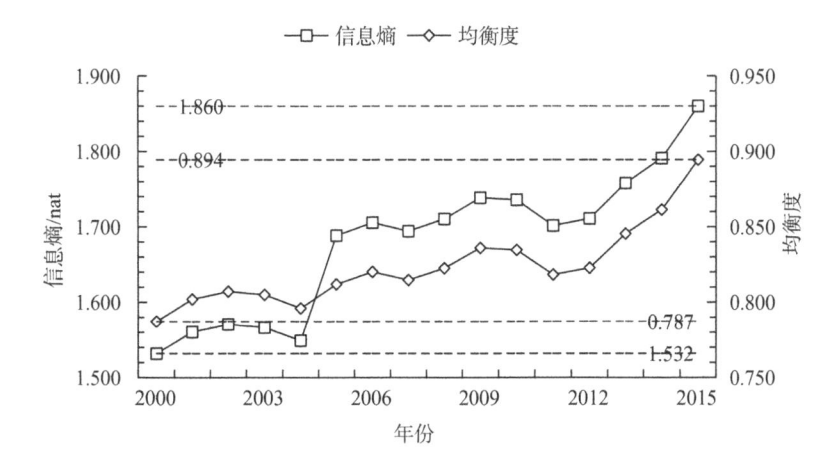

图 3-1　2000—2015 年南京市用水结构的信息熵与均衡度变化趋势

（3）2011—2015 年,用水结构信息熵与均衡度呈快速增长趋势,由 1.702 nat 与 0.818 上升至 1.860 nat 与 0.894。2011 年农田灌溉用水较上年增加 2.13 亿 m³,增幅达 14.67%;而除城镇生活用水外的其他几项用水所占比重,较上年均有不同程度减少,导致用水结构中单一用水的主导地位加强,2011 年用水结构信息熵与均衡度较上年有所下降。2011—2015 年,用水总量下降了 5.82 亿 m³。与此同时,农田灌溉用水量减少 5.03 亿 m³,所占比重由

34.14%锐减至27.05%。这导致信息熵与均衡度大幅上升,用水结构系统的均衡性有所提高。2000—2015年南京市用水结构的信息熵与均衡度变化趋势如图3-1所示。

3.1.3 用水结构演变的驱动力分析

1. 影响因素选取

区域用水结构受经济社会条件的影响,直接取决于经济水平与结构、人口总量与构成,以及各行业节水水平,驱动因素包括产业结构调整、人口长期演变规律、技术进步等。通过文献(Zhang et al.,2016)分析、比较、筛选与用水结构相关的经济社会统计数据,选取农业比重、灌溉面积比重、人均粮食产量、粮经比作为农业用水的影响因素;选取工业比重、高耗水行业比重、工业用水重复利用率、万元工业增加值用水量作为工业用水的影响因素;选取第三产业比重、人口密度、人均日生活用水量、人口自然增长率作为生活用水的影响因素,共12个影响因素。

2. 用水结构变化的驱动力分析

根据这3类12个影响因素,运用灰色关联度分析方法,计算各指标对应各类用水结构变化的关联程度,如表3-2所示。

表3-2 用水结构驱动力的灰色关联分析

参考序列	比较序列	均值	标准差	灰色关联度
农业用水比重	农业比重	0.046	0.017	0.737 0
	灌溉面积比重	0.734	0.080	0.549 4
	人均粮食产量(t/人)	0.228	0.071	0.908 5
	粮经比	1.197	0.650	0.601 6
工业用水比重	工业比重	0.471	0.031	0.557 1
	高耗水行业比重	0.328	0.054	0.894 8
	工业用水重复利用率	0.669	0.138	0.644 9
	万元工业增加值用水量(m^3/万元)	238.863	178.781	0.507 3
生活用水比重	第三产业比重	0.483	0.046	0.644 1
	人口密度(人/km^2)	883.201	70.601	0.637 4
	人均日生活用水量[L/(人·d)]	358.086	100.066	0.576 6
	人口自然增长率	0.025	0.011	0.649 0

(1) 农业用水变化的驱动力分析

粮食生产是农业用水的重要组成部分,因此,粮食产量与农业用水之间存在着直接的联系。2000 年至 2015 年,粮食产量从 1.573 亿 t 下降到 1.147 亿 t,人均粮食产量从 0.306 t 下降到 0.177 t。伴随着城市化发展带来的城市扩张以及退耕还林等相关政策的实施,耕地面积从 31.268 万 hm^2 下降到 23.719 万 hm^2。人均粮食产量和农业用水比重高度相关,灰色关联度也反映了这种强相关性,灰色关联度为 0.908 5,显示出很强的相关性。

农业结构调整是导致农业用水结构变化的重要原因。农业结构调整包括农业经济结构调整和农作物种植结构调整,可以用农业比重和粮经比来表示。这两个因素对农业用水比重产生了较强的影响,灰色关联度分别为 0.737 0 与 0.601 6。农业比重从 9.78% 下降到 2.43%,粮食作物与经济作物的比例从 71:29 降至 49:51,这些变化一定程度上影响了农业用水的减少。

(2) 工业用水变化的驱动力分析

南京是国家重要的综合性工业生产基地,工业用水量占据较大比重,2001 年已经超过农田灌溉用水量,2014 年已基本与农业用水总量持平。2000—2005 年城市工业化发展对水资源的需求不断增加,工业比重由 45.82% 增长到 48.92%,工业用水量也由 15.12 亿 m^3 增加到 16.26 亿 m^3。2005 年后,工业比重不断下降,2014 年降至 41.08%,其中南京市 4 大耗水行业(石油加工、炼焦和核燃料加工业,化学原料和化学制品制造业,黑色金属冶炼和压延加工业,电力、热力生产和供应业)产值占工业总产值的比重由 40.16% 降低至 28.55%。经济结构与产业结构的调整约束了工业需水的增长,再加上工业用水重复利用率不断提高,用水量持续减少,工业用水得到控制。

(3) 生活用水变化的驱动力分析

南京市农业、工业用水随着用水效率与节水水平的提高,近年来均呈现负增长趋势。而生活用水则随着城市化发展与人口增长持续增加,城市生活节水成为城市节水的重点。生活用水主要包括居民生活用水、第三产业用水以及城镇公共用水。2005—2015 年综合生活用水指标由 318 L/(人·d) 下降到 298 L/(人·d),居民生活用水指标在不断降低,但人口的增长导致用水逐渐增加;同时,产业规模的快速增长是第三产业用水需求增长的重要因素。2000—2015

年南京第三产业 GDP 年均增长率达到 16.20%,第三产业成为拉动城市经济增长的主要产业,用水需求也不断提高。

3.2 水源地水质状况分析

3.2.1 研究方法

1. 水质评价指标选取

根据南京市地表水污染特性,结合《地表水环境质量标准》(GB 3838—2002)中的各项饮用水监测指标,选择高锰酸盐指数(mg/L)、pH、溶解氧(mg/L)、化学需氧量(mg/L)、五日生化需氧量(mg/L)、硫酸盐(mg/L)、氨氮(mg/L)、氰化物(mg/L)、总磷(mg/L)、氟化物(mg/L)、氯化物(mg/L)、六价铬(mg/L)、汞(mg/L)、铜(mg/L)、铅(mg/L)、镉(mg/L)、锌(mg/L)、铁(mg/L)、锰(mg/L)、砷(mg/L)、挥发酚(mg/L)、石油类(mg/L)、粪大肠菌群(个/L)共 23 项指标作为水源地水质评价的主要因子。另选取总磷(mg/L)、总氮(mg/L)、叶绿素 a(mg/L)、高锰酸钾指数(mg/L)和透明度(m)5 项指标作为湖库水源地富营养状态评价项目。

2. 水质综合污染指数

(1) 指标分类

针对饮用水功能特征,依据《地表水环境质量标准》(GB 3838—2002)、《地下水质量标准》(GB/T 14848—2017)以及《生活饮用水卫生标准》(GB 5749—2022),对城市水源分污染指标、饮用水一般化学指标、饮用水毒物指标进行评价。污染指标反映水源地水质状况。后两者是针对饮用水的:作为饮用水用途时,饮用水一般化学指标反映水源对水厂的适用性;饮用水毒物指标反映水源对人群健康的影响程度。

污染指标包括高锰酸盐指数(mg/L)、溶解氧(mg/L)、化学需氧量(mg/L)、五日生化需氧量(mg/L)、氨氮(mg/L)、粪大肠菌群(个/L)共 6 项指标,通常反映水体状况。饮用水一般化学指标包括 pH、硫酸盐(mg/L)、总磷(mg/L)、氯化物(mg/L)、铜(mg/L)、锌(mg/L)、铁(mg/L)、锰(mg/L)、挥发酚

(mg/L)、石油类(mg/L)共10项指标,主要指水体中存在的经过简单或者常规的物理、化学、消毒处理可以满足饮用要求的水中的污染物。饮用水毒物指标包括氰化物(mg/L)、氟化物(mg/L)、六价铬(mg/L)、汞(mg/L)、铅(mg/L)、镉(mg/L)、砷(mg/L)共7项指标,主要反映对人体健康危害明显和存在长期危害,且目前饮用水处理工艺难以去除的污染项目。

(2) 分级评价

根据相应水质标准中的评价级别,将具体水质评价指标换算为1、2、3、4、5级水质指数,分别对应优、良、中、差、劣5类水质状况。城市饮用水水源地水质安全评价采用综合评价和单因子评价相结合的方法:对于污染指标,采用各项指数的算术平均值确定评价指数;对于饮用水一般化学指标和毒物指标,以最差单项因子的单项指数确定水源地的水质指数。该评价系统有其明确的水质优劣的界定和评价含义,即:$0<WQI\leqslant 20$ 的为1级水源地水质,其水源地是水质优良的供水水源地;$20<WQI\leqslant 40$ 的为2级水源地水质,其水源地是水质良好的供水水源地;$40<WQI\leqslant 60$ 的为3级水源地水质,其水源地是水质尚好的供水水源地。上述三类均为水质合格的水源地。$60<WQI\leqslant 80$ 的为4级水质,水源地是污染水源地,经深度处理后有可能达到饮用水标准;$80<WQI\leqslant 100$ 的为5级水质,水源地属严重污染水源地,该水质经深度处理后,也许能满足饮用水的要求,但有较大风险;$100<WQI$ 的为5级水质,这种水源地属极严重污染的水源地。污染程度4级及以上的水源地均称为不合格水源地。水质综合指数评价标准与分级指数如表3-3所示。

表3-3 水质综合指数评价标准与分级指数 单位:mg/L

评价项目			评价标准及分级指数				
			1级 $I_{iok}=20$	2级 $I_{iok}=40$	3级 $I_{iok}=60$	4级 $I_{iok}=80$	5级 $I_{iok}=100$
第一类	污染指标	氨氮≤	0.15	0.5	1.0	1.5	2.0
		溶解氧≥	饱和率90% (或7.5)	6	5	3	2
		高锰酸盐指数≤	2	4	6	10	15
		化学需氧量≤	15	15	20	30	40
		五日生化需氧量≤	3	3	4	6	10
		粪大肠菌群(个/L)≤	200	2 000	10 000	20 000	40 000

续表

评价项目			评价标准及分级指数				
			1级 $I_{iok}=20$	2级 $I_{iok}=40$	3级 $I_{iok}=60$	4级 $I_{iok}=80$	5级 $I_{iok}=100$
第二类	饮用水一般化学指标	pH(无量纲)	6~9				
		总磷(以P计)≤	0.02(0.01)	0.1(0.025)	0.2(0.05)	0.3(0.1)	0.4(0.2)
		铜≤	0.01	1.0	1.0	1.0	1.0
		锌≤	0.05	1.0	1.0	2.0	2.0
		铁≤	0.3	0.3	0.3	0.3	0.3
		锰≤	0.1	0.1	0.1	0.1	0.1
		挥发酚≤	0.002	0.002	0.005	0.01	0.1
		硫酸盐	250	250	250	250	250
		石油类≤	0.05	0.05	0.05	0.5	1.0
		氯化物	250	250	250	250	250
第三类	饮用水毒物指标	氟化物≤	1.0	1.0	1.0	1.5	1.5
		砷≤	0.05	0.05	0.05	0.1	0.1
		汞≤	0.000 05	0.000 05	0.000 1	0.001	0.001
		镉≤	0.001	0.005	0.005	0.005	0.01
		六价铬≤	0.01	0.05	0.05	0.05	0.1
		铅≤	0.01	0.01	0.05	0.05	0.1
		氰化物≤	0.005	0.05	0.2	0.2	0.2

(3) 水质指标处理步骤

计算单项指数 I_i。当评价项目 i 的监测值 C_i 处于评价标准分级值 C_{iok} 和 C_{iok+1} 之间时,该评价指标的指数:

$$I_i = \left(\frac{C_i - C_{iok}}{C_{iok+1} - C_{iok}}\right) \times n \times 20 + I_{iok} \tag{3-5}$$

式中,C_i 为 i 指标的实测浓度;C_{iok} 为 i 指标的 k 级标准浓度;C_{iok+1} 为 i 指标的 $k+1$ 级标准浓度;I_{iok} 为 i 指标的 k 级标准指数值;n 为当标准中两级分级值或多级分级值相同时,相同标准个数。

计算分类指数 I_L。在单项指数的基础上计算分类指数,对于第一类污染指标项目取各单项指数的均值;对于第二、三类项目(饮用水一般化学指标、饮用水毒物指标)分别取单项指数的最高值为各类的指数。计算水质综合指数，取各类指数中的最高值，即：

$$WQI = \max(I_L) \tag{3-6}$$

3.2.2 水源地水质安全分析

根据水源地的水质监测数据，进行水源地水质分析。监测的水源地与对应监测点主要包括：夹江水源地（北河口水厂取水口，城南水厂取水口），江浦-浦口水源地（浦口水厂取水口），燕子矶水源地（城北水厂取水口），八卦洲上坝水源地（远古水厂取水口）。本节主要分析2005—2015年水源地取水口水质变化，监测频次分别为：2005—2007年每年12次，2008—2009年35次，2010—2014年每年24次，2015年23次。

1. 主要水源地水质达标状况

对夹江、江浦-浦口、燕子矶、八卦洲（左汊）上坝4处水源地水质达标情况进行比较，结果如表3-4所示。根据统计，夹江上游水源（城南水厂）水质平均达标率最高，达到89.96%，劣V类水所占比例仅为4.42%；其余水源达标率由高到低依次是夹江下游水源、燕子矶水源、八卦洲上坝水源、江浦-浦口水源，达标率依次是82.33%、77.51%、73.90%、69.08%。

表3-4 长江南京段各水厂取水口水质单因子评价汇总

地点	时期	I	II	III	IV	V	>V	测次	劣于III类水测次（百分比）
北河口	总计	1	23	181	28	7	9	249	44(17.67%)
	汛期	0	10	76	12	6	1	105	19(18.10%)
	非汛期	1	13	105	16	1	8	144	25(17.36%)
城南	总计	0	34	190	14	0	11	249	25(10.04%)
	汛期	0	18	80	4	0	3	105	7(6.67%)
	非汛期	0	16	110	10	0	8	144	18(12.50%)
浦口	总计	3	18	151	54	5	18	249	77(30.92%)
	汛期	1	7	67	21	4	5	105	30(28.57%)
	非汛期	2	11	84	33	1	13	144	47(32.64%)

续表

地点	时期	|水质类别(测次)|						测次	劣于Ⅲ类水测次(百分比)
		Ⅰ	Ⅱ	Ⅲ	Ⅳ	Ⅴ	＞Ⅴ		
城北	总计	1	17	175	39	1	16	249	56(22.49%)
	汛期	0	8	78	16	0	3	105	19(18.10%)
	非汛期	1	9	97	23	1	13	144	37(25.69%)
远古	总计	1	20	163	42	7	16	249	65(26.10%)
	汛期	1	9	71	18	2	4	105	24(22.86%)
	非汛期	0	11	92	24	5	12	144	41(28.47%)

从上下游位置关系上来看,靠近长江南京段上游的夹江水源地水质较好,更靠近下游的燕子矶水源地与八卦洲上坝水源地水质次之,位于中段的江浦-浦口水源地水质较差。从江南、江北区域划分来看,位于江北的江浦-浦口水源地以及八卦洲上坝水源地水质状况较差,位于江南的夹江水源地与燕子矶水源地水质状况均比江北水源地要好。

2005—2015年各水源地水质达标率变化情况表明,2005—2015年各水源地水质达标率呈现先下降后上升的趋势。2005—2009年,各水源地水质达标率整体呈下降趋势,2010年水质转好,2011—2015年水质达标率逐渐上升。对比2005—2015年各水源地水质达标率,可以看出,各水源地水质达标率最低点基本出现在2009年与2011年;夹江下游(城南水厂)水源地水质达标率每年均保持在80%以上;其余水源地水质均有较大幅度的波动,变化幅度最大的是八卦洲上坝水源地,2009年达标率最低为42.86%。

2. 主要污染物的空间分布特征分析

(1) 夹江水源地北河口水厂

从2005—2015年北河口水厂水体主要超标污染项目可以看出,北河口水厂水体的主要超标项目按出现数量由大到小依次是总磷、铁、溶解氧、锰。其中长期污染项目为总磷和铁,总磷在2006年和2008—2013年被监测到超标,近两年未再出现超标情况;铁在2005—2009年被监测到超标。短期污染项目为溶解氧和锰,分别在2009年与2010年被监测到超标。整体趋势上,北河口水厂水体超标项目种类经历由少变多再减少的过程,近几年长期超标项目总磷得到控制,铁在2015年被监测到一次超标。

(2) 夹江水源地城南水厂

从 2005—2015 年城南水厂水体主要超标污染项目可以看出,城南水厂水体的主要超标项目按出现数量由大到小依次是总磷、铁、溶解氧、锰。其中长期污染项目为总磷和铁,总磷分别在 2006 年、2008—2009 年以及 2011—2013 年被监测到超标,近两年未再出现超标情况;铁分别在 2006—2009 年、2013—2015 年被监测到超标。短期污染项目为溶解氧和锰,分别在 2008 年与 2011 年被监测到超标。整体趋势上,城南水厂水体超标项目种类经历由少变多再减少的过程;长期超标项目总磷得到控制,近几年不再出现超标情况;另一个长期超标项目铁在 2013—2015 年仍然被监测到超标。

(3) 江浦水源地浦口水厂

从 2005—2015 年浦口水厂水体主要超标污染项目可以看出,浦口水厂水体的主要超标项目按出现数量由大到小依次是总磷、铁、溶解氧、汞。其中长期污染项目为总磷和铁,总磷在 2006 年、2008—2013 年、2015 年被监测到超标,铁在 2006—2010 年、2012 年、2014—2015 年被监测到超标;短期污染项目为溶解氧和汞,分别在 2005 年、2006 年、2008 年被监测到超标。整体趋势上,浦口水厂水体超标项目种类与超标频次集中在 2008—2012 年,近几年长期超标项目总磷与铁的超标频次得到控制,但仍能被监测到超标。

(4) 燕子矶水源地城北水厂

从 2005—2015 年城北水厂水体主要超标污染项目可以看出,城北水厂水体的主要超标项目按出现数量由大到小依次是总磷、铁、锰、溶解氧、氨氮以及汞共六种。其中长期污染项目为总磷与铁,总磷在 2008—2013 年被监测到超标,铁在 2006—2010 年与 2015 年被监测到超标;短期污染项目为锰(2007—2008 年)、溶解氧(2009—2010 年)、氨氮(2013 年)和汞(2005 年)。整体趋势上,城北水厂水体超标项目种类与超标频次集中在 2008—2013 年,近几年长期超标项目总磷与铁的超标频次得到控制,但铁在 2015 年仍被监测到超标。

(5) 上坝水源地远古水厂

从 2005—2015 年远古水厂水体主要超标污染项目可以看出,远古水厂水体的主要超标项目按出现数量由大到小依次是总磷、铁、溶解氧以及汞四种。其中长期污染项目为总磷与铁,总磷在 2006 年、2008—2013 年被监测到超标,铁在2005—2010年被监测到超标；短期污染项目为溶解氧和汞，分别在2005年、2008年被监测到超标。整体趋势上，远古水厂水体超标项目种类与超标频次集中在2008—2013年，近几年长期超标项目总磷与铁的超标频次得到控制，但铁在2015年仍被监测到超标。

(6) 长江南京段水源主要污染物变化

根据对夹江、江浦、燕子矶以及上坝水源主要污染因子的分析可知，各水源均受到总磷与铁的长期污染。可以看出，总磷与铁指标超标次数在各水源中均占有较大比例，这表示长江南京段水源所面临的长期污染物主要含总磷与铁。其中江浦水源总磷与铁的超标总次数最多，八卦洲上坝、燕子矶、夹江下游均面临不同程度的总磷与铁污染。

从2005—2015年长江南京段水源总磷与铁超标次数的变化情况可以看出，2005—2015年两个指标的超标次数呈现先增加后减少的趋势，总磷污染程度在2008—2013年均较为严重，2014—2015年得到控制，不再出现超标现象；铁污染程度在2008—2009年较重，近几年逐渐好转，但在2014年、2015年仍被监测到超标，且2011—2015年呈现略微增长的趋势。

3. 水源水质综合污染指数分析

(1) 夹江水源

图3-2、图3-3表示夹江水源监测点的水质综合污染指数的变化趋势。夹江水源地两处监测点的水质综合污染指数变化趋势显示，夹江水源受污染程度呈现先增大后减小的趋势，受污染比较严重的年份主要集中在2006—2011年。在此期间，水质综合污染指数的超标幅度较大，超标频率较高，水质受污染程度较大。2011年后，从超标幅度与超标频率上看，较大指标近几年不再出现，超标次数逐渐减少，水体污染程度有所缓解。从变化趋势上看，水质综合污染指数与饮用水一般化学指标类指数的变化趋势较为相似，表明夹江水质受到的主要污染是饮用水一般化学指标，即主要受总磷、铁等一般化学指标的影响。

将两处水源地取水口的综合污染状况进行对比，从超标频率与超标幅度上看，2005—2012年，位于夹江水源上游的城南水厂取水口水质较优于北河口水厂水质；2013—2015年，北河口水厂与城南水厂水质均有所好转，位于夹江水源下游的北河口水厂水质优于城南水厂取水口水质。

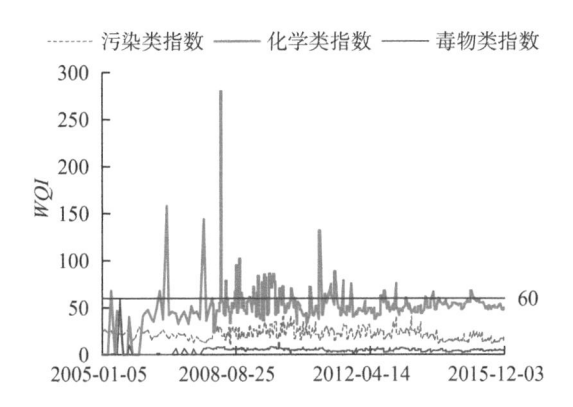

图 3-2 北河口水厂综合污染指数示意图

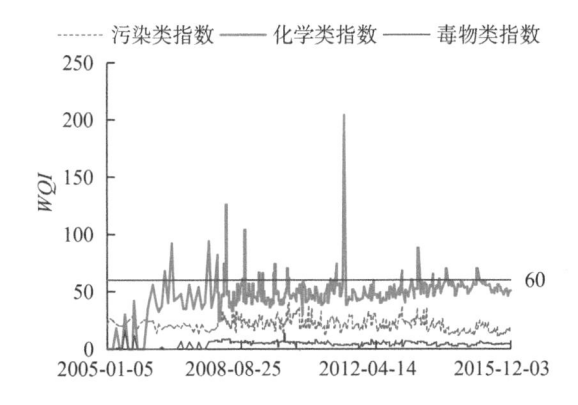

图 3-3 城南水厂综合污染指数示意图

(2) 江浦水源

根据水质综合污染指数对浦口水厂2005—2015年249次测值进行分析,得到污染指标、饮用水一般化学指标、饮用水毒物指标三类指数的变化趋势。图3-4表示江浦水源监测点的水质综合污染指数的变化趋势。江浦水源监测点的水质综合污染指数变化趋势表明,水源受污染程度呈现先增大后减小的趋势,受污染程度较重的时期主要集中在2006—2011年。在此期间,水质综合污染指数的超标幅度较大,超标频率较高,水质受污染程度较严重。2011年后,从超标幅度与超标频率上看,较大指标近几年不再出现,超标次数逐渐减少,水体污染程度有所缓解。从变化趋势上看,水质综合污染指数与饮用水一般化学指标类指数的变化趋势较为相似,表明江浦水源水质受到的主要污染是饮用水一般化学指标,即主要受总磷、铁等一般化学指标的影响。

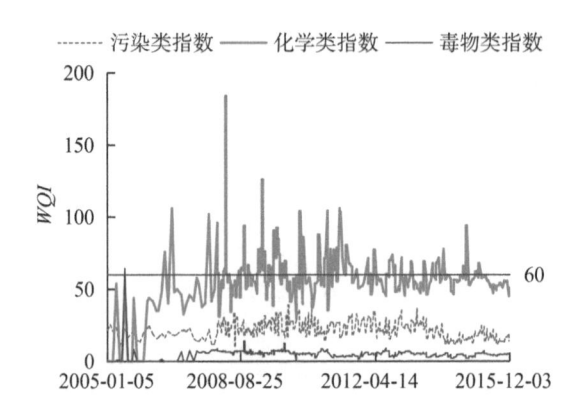

图 3-4 浦口水厂综合污染指数示意图

（3）燕子矶水源

根据水质综合污染指数对城北水厂2005—2015年249次测值进行分析,得到污染指标、饮用水一般化学指标、饮用水毒物指标三类指数的变化趋势。图3-5表示燕子矶水源监测点（城北水厂是燕子矶水源的监测点）的水质综合污染指数变化趋势。变化趋势表明,水源受污染程度呈现先增大后减小的趋势,受污染程度较重的时期主要集中在2006—2011年。在此期间,水质综合污染指数的超标幅度较大,超标频率较高,水质受污染程度较大。2011年后,从超标幅度与超标频率上看,较大指标近几年不再出现,超标次数逐渐减少,水体污染程度有所缓解。从变化趋势上看,水质综合污染指数与饮用水一般化学指标类指数的变化趋势较为相似,表明燕子矶水源水质受到的主要污染是饮用水一般化学指标,即主要受总磷、铁等一般化学指标的影响。

（4）上坝水源

根据水质综合污染指数对远古水厂2005—2015年249次测值进行分析,得到污染指标、饮用水一般化学指标、饮用水毒物指标三类指数的变化趋势。

图 3-6 表示上坝水源监测点（远古水厂是上坝水源的监测点）的水质综合污染指数变化趋势。变化趋势表明，水源受污染程度呈现先增大后减小的趋势，受污染程度较重的时期主要集中在 2006—2011 年。在此期间，水质综合污染指数的超标幅度较大，超标频率较高，水质受污染程度较大。2011 年后，从超标幅度与超标频率上看，较大指标近几年不再出现，超标次数逐渐减少，水体污染程度有所缓解。从变化趋势上看，水质综合污染指数与饮用水一般化学指标类指数的变化趋势较为相似，表明上坝水源水质受到的主要污染是饮用水一般化学指标，即主要受总磷、铁等一般化学指标的影响。

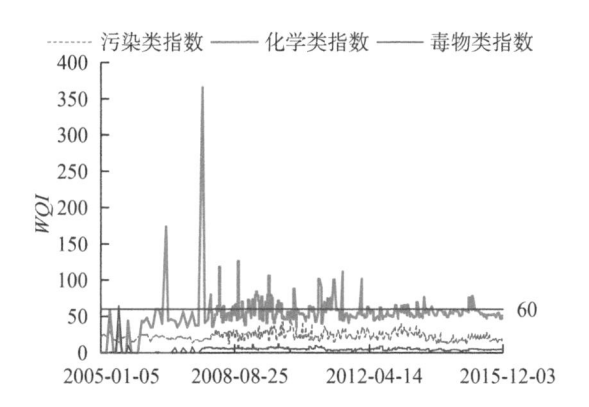

图 3-5 城北水厂综合污染指数示意图

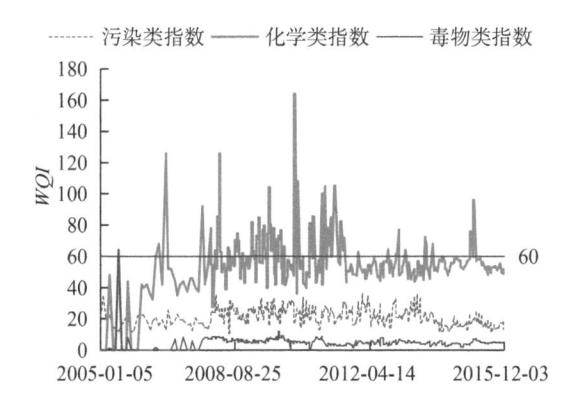

图 3-6 远古水厂综合污染指数示意图

3.3 潜在污染源与污染事故分析

3.3.1 城市水源污染源

1. 水源敏感区

夹江水源地位于长江南京段上游,南起秦淮新河入江口,北至三汊河入江口,全长 13.2 km。该水源地内有北河口水厂、城南水厂、江宁开发区水厂、江宁科学园水厂等取水口。南京市区大部分的生活饮用水均由这几个水厂提供。夹江水源地保护区水域已禁航并实施了封闭管理,水源地保护区内基本已经不存在工业企业、畜禽养殖场、垃圾中转站、垃圾填埋场之类的集中污染源等点源污染和化学农药使用、分散式畜禽养殖场等面源污染。

夹江水源地上游有秦淮新河、下游有三汊河(秦淮河)汇入。秦淮新河为人工开挖的行洪河道,全长 18 km,设计流量 900 m^3/s,沿线有多处工业企业、污水处理厂排污。秦淮新河入江口距夹江水源地上断面仅 1 km,汇入长江时源短、量大、水质状况不佳,有可能影响夹江水质。

燕子矶饮用水水源区由南京长江大桥至南京燕子矶街道,长 7.5 km。水源区内有上元门水厂取水口和城北水厂取水口。水源保护区上游有金川河入江,而金川河接纳城北污水处理厂以及周边生活工业污水,水质较差且年污染物排放量较大,进而可能对城北水厂的水质产生了连带影响。

八卦洲(左汊)上坝水源地、江浦-浦口水源地、子汇洲水源地保护区水域位于长江南京段干流,长江作为主要航运通道,过往船只大多存在一定的污染事故风险,如船舶搁浅或碰撞引发的溢油及化学品溢出事故、装卸存储货物泄漏事故、高温或遇火源等原因而发生的火灾爆炸事故等。一旦长江发生较大规模溢油事故或化学品泄漏事故,将会对长江水体水质、水生生态、渔业资源和饮用水水源等造成较为严重的污染损害。

2. 潜在风险源

南京沿江产业布局主要是化工、石化、钢铁、电力等产业,这些企业排污口一般设置在水源保护区或临近水源保护区,也有一些设置在与水源保护区联系比较紧密的一级支流及部分二级支流,这对水源保护区内的敏感水体造成一定的风险。根据《南京市第一次水利普查公报》中排污口普查资料,影响长江南京段水源地的规模以上(年排放量大于 10 万 m³ 或日排放量大于 300 m³)的排污口共计 43 个(图 3-7)。

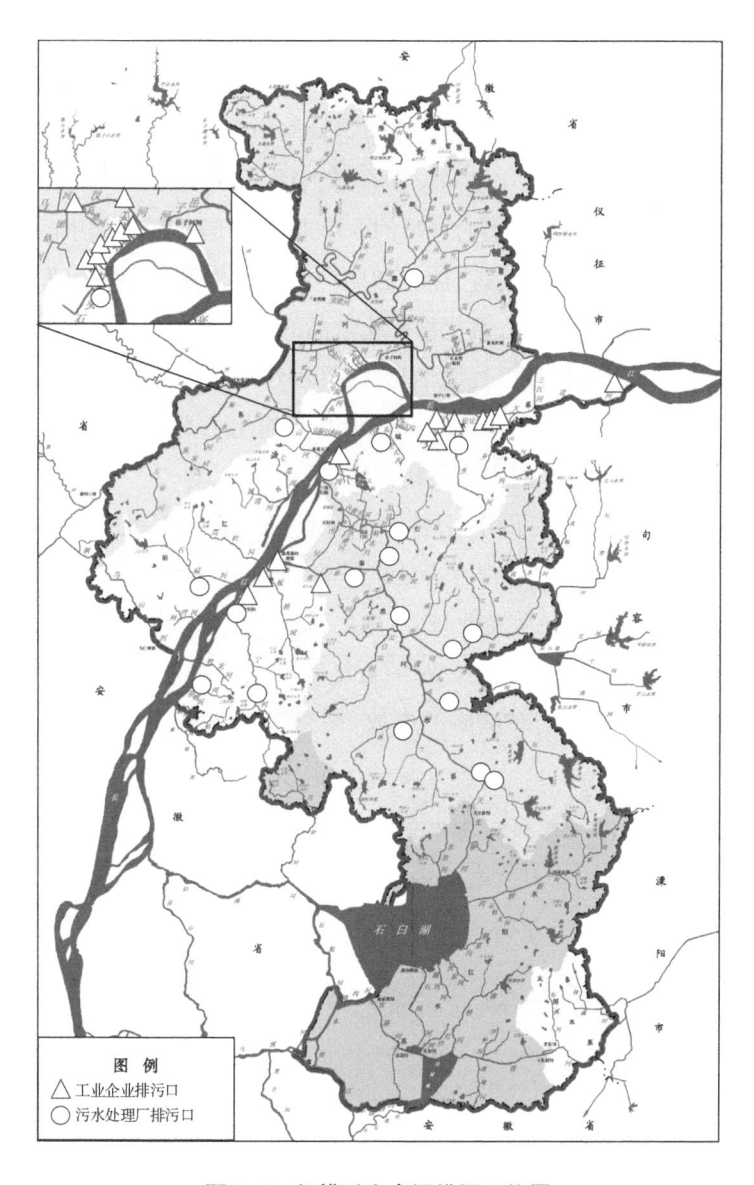

图 3-7 规模以上点源排污口位置

长江南京段有 24 处码头(主要为化学、油料码头),作为航运通道,过往船只众多(易燃易爆品、石化产品、有毒有害危险品等),存在一定的污染损害事故风险。同时,上游污水下泄、水污染事故的发生,增加了长江南京段突发水污染事故的风险,危害性较大。

3.3.2 突发水污染事故分析

长江作为黄金水道,水路运输在全市运输网中占有十分重要的地位。2014年长江干线货运量已超过 20 亿 t,位居全球内河第一。据统计,南京仅石油化工原料运输量就占全市水上运输总量的 50% 以上。但航运过程中的潜在威胁不容忽视:长江南京段沿江航运、油库和船厂的油类泄漏是可能引发突发性水污染的主要隐患;农药、硫酸、氰化物等化学品的航运安全对南京水源地水质保障至关重要。近年来,长江干线因油轮碰撞、爆炸发生的油污染事故每年 4~5 起,对居民饮水安全产生了严重威胁。因此,石油化工类货物运输过程中的航运风险对南京长江段水源地水质存在潜在威胁。

南京市地处长江流域下游,上游污水下泄,交通运输特别是水上交通运输的易燃易爆品、石化产品、有毒有害危险品等,极易导致水污染事故。近年来,南京市化工行业等环境风险企业较多,加之长江南京段水上危化品运输量居高不下,突发环境事故仍时有发生。归纳近年来发生的突发水污染事故,对南京市水源产生影响或形成潜在威胁的事故(周克梅 等,2007;于凤存 等,2008),如表 3-5 所示。

表 3-5 南京市历史突发水污染事故

日期	事故描述	对水源影响
1989 年 3 月	扬子石化公司人员误将设备剩余物料倒入马汊河	附近水厂卤代物超标,不能饮用
1990 年 2 月	扬子石化公司所属贮运公司槽车破裂,苯酚泄漏 9.144 t	附近水厂 4 天供水不能饮用
1992 年 2 月 12 日	装 30 t 农药敌敌畏船在芜湖段沉没	至 2 月 25 日仅 85% 污染物被打捞出
1993 年 5 月 24 日	撞车,导致约 600 kg 氰化钠进入河道	导致 9 300 人停水,附近乡镇水厂停供 52 h

续表

时间	事故描述	对水源影响
2003年6月12日	南京港"南炼4号"码头输油管破裂,近500 kg重油进入长江	造成近岸污染
2004年3月15日	燕子矶江面油库码头水域发生撞船事故,80多吨有毒化学品进入长江	未对下游水源产生威胁
2011年8月7日	南京江宁百家湖出现大面积污染,类似牛奶的乳白色不明污染物覆盖了大半幅湖面	造成湖中鱼类死亡
2013年5月12日	一艘装载1万余吨石灰石的山东籍"鑫川8号"船舶碰擦南京长江大桥后,行至八卦洲头沉没,并导致沉船内80 t左右自用燃料重油溢出	未对下游水源产生威胁
2014年6月9日	扬子石化炼油厂硫回收装置酸性水罐爆燃,导致5个储罐泄漏着火,部分消防水通过排水口进入马汊河	对长江水质构成威胁
2015年6月18日	一艘装载280 t液碱的槽罐船,在南京八卦洲水域翻扣	液碱处于密闭船舱内,沉船周围pH值并无明显变化

从突发事故的原因分析,主要可分为两种:一种是由翻车、翻船等突发事故造成的污染物泄漏所形成的突发性水污染事故,突发污染物种类随机性大;另一种是由于企业或其他污染源超常规排放,致使入河污染物超过河流水环境容量造成的水污染事故,主要污染物多为常规污染物。在南京,这两类事故主要发生情景如下。

(1) 长江是我国东西水上运输的大动脉,航运船只数目庞大,航运货物中石油类和有毒化学品的运输量近年来大幅增长。一旦运送危险化学品的船舶发生事故而将其携带的危化品倾泻入江,将对长江水源造成威胁。

(2) 从1968年南京长江大桥建成通车以来,经过多轮过江通道建设,目前长江南京段过江通道包括了长江大桥、二桥、三桥等9条过江通道。危化品运输车在过江桥梁上发生交通事故,一旦发生翻车泄漏,危化品将直接入江,对长江水源造成威胁。

3.3.3 突发事故潜在污染物分析

长江上游船舶航运状况表明,长江航运导致的油类污染、化学品污染和船舶垃圾污染对南京长江水源地水质安全构成潜在威胁。对南京港口的调研表明,石油类、挥发酚类对南京水源地的潜在威胁较大。对南京水源地污染的调研表明,油类、化学品(苯酚和苯类)和重金属是主要潜在污染物。对长江南京段及其上游污染事故的统计分析表明,化学品(硫酸、苯酚和苯类)和油类是造成长江流域污染事故多发的两大类污染物。综上所述,对南京长江水源地造成潜在威胁的污染物为油类、化学品(硫酸、苯酚和苯类等)和重金属(以镉为代表)。

3.4 小结

结构性缺水与水环境污染导致的水质性缺水,是长期依赖长江干流过境水供水的长江中下游经济发达地区面临的主要水问题。本章据此首先运用信息熵理论,分析南京市长期以来用水结构变化趋势,并采用灰色关联度分析方法,分析造成用水结构演变的驱动力因素。用水结构熵值分析结果显示,南京市用水结构系统的信息熵与均衡度总体呈增长趋势,表明用水系统的均衡性越强,单一用水结构所占比例越低,南京市用水结构越趋于稳定、均衡。采用灰色关联度对用水结构的驱动力因素进行分析,结果显示人均粮食产量与农业比重是农业用水变化的重要驱动力,灰色关联度分别为 0.908 5 和 0.737 0;高耗水行业比重是工业用水变化的主要因素,灰色关联度为 0.894 8;第三产业比重、人口密度和人口自然增长率与生活用水变化有一定的关联性,灰色关联度分别为 0.644 1、0.637 4 和 0.649 0。结合两者可以看出,随着产业结构调整与用水效率的提高,农业与工业用水比重不断下降,再加上城市人口的持续增长以及第三产业的不断发展,生活用水比重提高,产业结构与用水结构趋向合理。

在水源地水质状况分析中,选取水质评价指标,并计算水质综合污染指数,对长江南京段夹江、江浦、燕子矶、上坝 4 处集中水源地水质达标情况进行比较。研究表明长江南京段水质上游段最好,下游段次之,中间段较差;2005—2015 年各水源地水质达标率呈现先下降后上升的趋势,总体状况呈现好转趋势。汛期水质优于非汛期水质,主要原因是长江南京段水质主要受来水水质影响,汛期水量增加,稀释污染水源,水质状况得到提升。

通过对历年突发水污染事故的统计分析可以看出,化学品和油类是造成长江流域污染事故多发的两大类污染物。长江是我国东西水上运输的大动脉,航运货物中石油类和有毒化学品的运输量近年来大幅增长,一旦运送危险化学品的船舶发生事故而将其携带的危化品倾泻入江,将对长江水源造成威胁。经过多轮过江通道建设,目前长江南京段过江通道包括了长江大桥、二桥、三桥等9条过江通道。由翻车、翻船等突发事故造成的污染物泄漏所导致的突发性水污染事故的发生地点随机性大,危化品将直接入江,对长江水源造成威胁。

综上所述,南京市用水结构及其驱动力的研究表明,随着产业结构调整与用水效率的提高,产业结构与用水结构趋向合理,结构性缺水逐步改善;集中供水水源地水质变化分析表明,水质总体状况呈现好转趋势,常规水质性缺水得到缓解;通过对南京市突发污染事故统计分析发现,由翻车、翻船等突发事故造成的水污染,事故地点不固定,污染物种类随机性大,在短时间内易对水源地造成巨大威胁,因此突发性水质污染是长江中下游沿江城市的主要潜在污染源。

第 4 章

长江经济带典型城市水环境安全综合评价

第1篇

第4章 长江经济带典型城市水环境安全综合评价

作为自然生态系统的基本组成要素,水环境是经济社会发展的基础。对水环境安全进行评价是改善水环境现状,实现水环境治理和保护的基础,对于促进区域经济社会的发展极具重要意义。随着城市规模的扩大,南京市经济快速发展,城市人口持续增加,相应城市需水量及生产、生活污水量显著增长,导致南京市水环境污染问题严重,水质下降,水环境安全受到威胁。因此,针对南京市水环境安全展开评价研究,具有重要的理论与现实意义。

4.1 南京市水环境安全评价思路与方法

4.1.1 评价思路

依据水环境安全的基本理论,结合南京市水环境现状以及存在的问题,基于 P-S-R 框架模型,建立适合南京市水环境安全的指标体系,用模糊综合评价法对南京市水环境安全作出综合性评价,主要内容有:

(1) 通过基础资料的搜集与整理,对南京市水环境现状和存在的问题有总体的了解,为建立评价指标体系以及评价的准确性奠定基础;

(2) 根据水环境安全的相关理论,结合南京市水环境现状和存在的问题,选取典型适合的评价指标,建立评价指标体系;

(3) 基于国内外的相关标准,参考众多学者、专家等的意见,制定各评价指标的评价等级标准以及划分水环境综合安全度值区间;

(4) 根据建立的水环境安全评价指标体系,选取模糊综合评价法,对南京市水环境安全进行评价,通过计算得到南京市水环境安全各评价年份的安全度值和变化趋势;

(5) 分析各层次的安全度值,分析其变化趋势,找出南京市水环境安全的主要影响因素,分析原因,提出对策。

4.1.2 评价方法

1. "压力-状态-响应"(P-S-R)框架模型

P-S-R 模型包含"压力、状态、响应"三个相互作用、相互影响的因素,该模型的优点是具有清晰的因果关系。"压力"指标反映人类活动给水环境造成的负荷,例如,水资源的使用、废弃物的排放等对水环境造成影响和破坏的人类活动;"状态"指标表征水环境质量状况,主要包括水环境质量现状、水生态系统、供水能力等;"响应"指标表征人类面临水环境问题所采取的对策与措施,用来恢复、阻止、预防人类对自然环境造成的不好的影响。P-S-R 框架模型强调了压力的来源,建立基于 P-S-R 框架的水环境安全评价指标体系,具有可操作性、灵活性、系统性等特点,因此,本章基于 P-S-R 框架模型构建南京市水环境安全指标体系。

2. 模糊综合评价模型

模糊综合评价法是基于模糊数学的综合评价方法。它是通过模糊数学的隶属度理论来把定性评价转化为定量评价,即用模糊数学对某些受到多种因素制约的对象或者事物作出一个总体的评价。它有系统性强、结果清晰、数学模型简单、比较容易掌握等优点,可以解决模糊的、难以量化的问题,适合非确定性问题的解决,具有很好的评价效果,因此得到广泛的应用,如环境影响评价、安全、土木等领域。

4.2 南京市水环境安全评价指标体系建立

4.2.1 指标构建原则

水环境安全评价所涉及的层次多、范围广,在构建指标体系过程中需要遵循一定的原则。

(1) 科学性原则。水环境问题是理论问题,同时也是一种实践问题。构建评价指标体系要考虑到不同区域的差异性,选取的指标要尽可能全面准确地反映所研究区域的水环境属性,且每个评价指标都要有明确的科学内涵。

(2) 系统性原则。水环境系统受到社会、经济、生态等多个系统影响,建立的指标体系既要能反映社会经济因素对水环境的影响,也要能反映生态资源等因素对水环境的影响,同时要能体现所有因素之间的相互作用与联系,讲究系统性,避免指标体系过于复杂。

(3) 可操作性原则。选取指标时,要考虑到数据的获取是否便捷,要选择便于获得资料的指标。如有统计资料的指标、易于量化的指标,或直接从有关部门获得数据的指标。

(4) 主导性原则。能反映水环境安全特性的指标有很多,如果不加以区分,全部作为评价指标,既增加了收集资料和处理数据的难度,也不能突出重点。所以,在选择指标时应避免重复,在满足评价精度的前提下突出重点指标。

(5) 定性与定量相结合原则。指标选取的时候需要考虑定性与定量相结合,对于难以量化而又重要的指标,为了计算的需要,应采用某种适当的方法将该指标量化表示。

4.2.2 评价指标体系的构建

基于 P-S-R 概念模型框架和构建指标体系应遵循的原则,结合水环境安全的概念理念,吸取国际主要评价指标体系的精华,参照国内学者已发表的关于水环境安全评价指标体系的文献,结合南京市水环境现状,建立如表 4-1 所示的水环境安全评价指标体系,并根据各评价指标与水环境安全之间的关系,可以把指标分为两类,即正向指标和负向指标,其中,正向指标代表向上或向前发展、增长的指标,其值越大,评价就越好,反之为负向指标。

表 4-1 南京市水环境安全评价指标体系

目标层 A	准则层 B	指数层 C	指标层 D	单位	正/负向指标
水环境安全指数 A	压力层 B_1	人口压力指数 C_1	常住人口 D_{11}	万人	负向
			人口密度 D_{12}	人/km^2	负向
			人口自然增长率 D_{13}	‰	负向
		经济压力指数 C_2	人均 GDP D_{21}	万元/人	负向
			第三产业比重 D_{22}	%	正向
			恩格尔系数 D_{23}	%	负向
			经济增长率 D_{24}	%	负向

续表

目标层 A	准则层 B	指数层 C	指标层 D	单位	正/负向指标
水环境安全指数 A	压力层 B_1	用水压力指数 C_3	人均日生活用水量 D_{31}	L/(人·d)	正向
			用水人口 D_{32}	万人	负向
			单位 GDP 用水量 D_{33}	m³/万元	负向
		污染负荷指数 C_4	工业 COD 排放负荷 D_{41}	mg/L	负向
			工业氨氮排放负荷 D_{42}	mg/L	负向
			农用化肥施用负荷 D_{43}	kg/亩①	负向
			农用农药施用负荷 D_{44}	kg/亩	负向
	状态层 B_2	水资源条件指数 C_5	人均水资源量 D_{51}	m³/人	正向
			过境水资源量 D_{52}	亿 m³	正向
			降水量 D_{53}	mm	正向
			城市用水普及率 D_{54}	%	正向
		水环境质量指数 C_6	Ⅲ类水以上河湖断面比例 D_{61}	%	正向
			水功能区水质达标率 D_{62}	%	正向
			地下水水质达标率 D_{63}	%	正向
			集中式饮用水水源地水质达标率 D_{64}	%	正向
	响应层 B_3	节水指数 C_7	农田实灌亩均用水量 D_{71}	m³/亩	负向
			工业用水重复利用率 D_{72}	%	正向
			节约用水量 D_{73}	万 m³	正向
		排污控制指数 C_8	污水年处理量 D_{81}	亿 t	正向
			城市污水日处理能力 D_{82}	万 t/d	正向
			城市生活污水集中处理率 D_{83}	%	正向
			生活垃圾粪便无害化处理率 D_{84}	%	正向
		水土保持指数 C_9	建成区绿化覆盖率 D_{91}	%	正向
			人均公园绿地面积 D_{92}	m²	正向
			森林覆盖率 D_{93}	%	正向
		政府管理指数 C_{10}	工业污染治理项目完成投资额 D_{101}	万元	正向
			建成区排水管道密度 D_{102}	km/km²	正向
			污水处理厂 D_{103}	座	正向

① 亩：1 亩≈667 m²。

4.2.3 评价指标体系的解释

1. 人口压力指数

常住人口:实际经常居住在某地区一定时间(半年以上,含半年)的人口,为国际上进行人口普查时常用的统计口径之一。常住人口越多,带来的水环境的压力越大。

$$常住人口 = 现有常住人口 + 暂时外出人口 \quad (4-1)$$

人口密度:单位面积上人口的数量。该指标反映了人口的密集程度,人口密度过大会导致资源的紧张,水环境的压力变大。单位是人/km²。

$$人口密度 = \frac{人口总数}{土地面积} \quad (4-2)$$

人口自然增长率:在一年内人口自然增长数和该时期内平均人口数之比。该指标反映了人口增长给水环境所带来的压力,过高的人口自然增长率,会导致污染物以及资源的消耗等相应增加,造成水环境压力增大。

$$人口自然增长率 = \frac{本年出生人口 - 本年死亡人口}{年平均人数} \times 1\,000‰ \quad (4-3)$$

2. 经济压力指数

人均GDP:人均国内生产总值,常作为发展经济学中衡量经济发展状况的指标,是最重要的宏观经济指标之一,它是人们了解和把握一个国家或地区的宏观经济运行状况的有效工具。

$$人均GDP = \frac{核算期内(通常是一年)实现的国内生产总值}{常住人口} \quad (4-4)$$

第三产业比重:第三产业的产值占GDP的比重。第三产业的用水量远低于第一、二产业,发展第三产业,提高第三产业的比重,有利于减少水资源的使用量。

$$第三产业比重 = \frac{第三产业产值}{GDP} \times 100\% \quad (4-5)$$

恩格尔系数：根据恩格尔定律而得出的比例数，决定于食物支出金额占总支出金额的比重。对一个区域而言，恩格尔系数越大，代表区域经济越落后。恩格尔系数达59%以上为贫困，50%～59%为温饱，40%～50%为小康，30%～40%为富裕，低于30%为最富裕。

经济增长率：在量度经济增长时，一般都采用实际经济增长率，经济增长率也称经济增长速度，衡量的是两年之间经济的变化，它是反映经济发展水平变化程度的动态指标，也是反映一个国家或城市的经济是否具有活力的基本指标。

3. 用水压力指数

人均日生活用水量：每一用水人口平均每天的生活用水量，反映了城市居民日常生活用水的满足程度，其中，用水人是城市居民，用水地是家庭，用水性质是维持日常生活使用的自来水，单位是 L/(人·d)。

$$人均日生活用水量 = \frac{报告期生活用水总量}{报告期用水人数 \times 报告期日历天数} \times 1\,000 \quad (4-6)$$

用水人口：城市总体规划确定的规划人口数，用水人口越多，用水压力越大。

单位 GDP 用水量：用水总量和 GDP 之间的比值，反映了经济增长和水资源消耗两者之间的关系，单位是 m^3/万元。

$$单位\ GDP\ 用水量 = \frac{用水总量}{GDP} \quad (4-7)$$

4. 污染负荷指数

工业 COD 排放负荷：单位工业废水中 COD 的含量，单位是 mg/L。

$$工业\ COD\ 排放负荷 = \frac{COD\ 排放量}{污水排放总量} \quad (4-8)$$

工业氨氮排放负荷：单位工业废水中氨氮的含量，单位是 mg/L。

$$工业氨氮排放负荷 = \frac{氨氮排放量}{污水排放总量} \quad (4-9)$$

农用化肥施用负荷：一年内单位耕地面积的化肥施用量，单位是 kg/亩。

$$农用化肥施用负荷 = \frac{农用化肥施用量}{播种面积} \quad (4-10)$$

农用农药施用负荷:一年内单位耕地面积的农药施用量,单位是 kg/亩。

$$农用农药施用负荷 = \frac{农用农药施用量}{播种面积} \quad (4-11)$$

5. 水资源条件指数

人均水资源量:在一个地区(流域)内,某一时期按人口平均每个人占有的水资源量(不包括过境水)。该指标是衡量一个地区水资源总量的重要指标,单位是 m^3/人。

过境水资源量:天然径流流经城市内部的水量。这部分水资源量是客水量。

降水量:从天空降落到地面上的液态和固态(经融化后)降水,是衡量一个地区降水多少的数据,单位是 mm。

城市用水普及率:城市用水人口数和城市人口总数之间的比值,反映生活用水的紧缺程度。

6. 水环境质量指数

Ⅲ类水以上河湖断面比例:反映河流水质的健康状况,是指优于河流Ⅲ类水质监测断面占被监测的总断面的比例。按照国家标准规定,劣于Ⅲ类的水将不能直接用于饮用和接触,优于Ⅲ类断面的比例越高,区域内可直接利用的水资源量越多,这一指标对区域水环境安全具有重要的意义。

水功能区水质达标率:达到水功能区要求水质的断面数占总监测断面的比例。该指标反映了区域水体水质对水资源开发利用以及经济发展对水质的满足程度。

地下水水质达标率:地下水水质达到标准的监测点数量占所有监测点数量的比重,反映了区域内地下水的质量,地下水水质直接影响水环境质量。

集中式饮用水水源地水质达标率:向城市市区提供饮用水的集中式水源地,其达标水量占总取水量的百分比。

7. 节水指数

农田实灌亩均用水量:单位有效灌溉面积的农业用水量。我国农业灌溉效率较低,水资源浪费严重,因此,我国农业的节水潜力巨大。单位是 m³/亩。

$$农田实灌亩均用水量 = \frac{实灌用水量}{实灌面积} \quad (4-12)$$

工业用水重复利用率:工业重复用水量占其用水总量的比重,反映了工业用水再利用的程度。工业用水重复利用率的提高可减少废水排放,节省大量的处理费用,降低对水环境的污染。提高工业用水重复利用率是解决水资源问题的有效途径之一。

节约用水量:区域通过行政、技术、经济等管理手段加强用水管理、调整用水结构、改进用水方式及提高水的利用率而节约的水资源总量。单位是万 m³。

8. 排污控制指数

污水年处理量:区域内污水处理厂和处理装置全年实际处理的污水量,包括物理处理量、生物处理量和化学处理量。污水年处理量的大小与城市水环境安全关系密切。

城市污水日处理能力:污水处理厂每昼夜处理污水量的设计能力,按污水处理的程度,一般可分为一级处理、二级处理和三级处理。单位是万 t/d。

城市生活污水集中处理率:经过处理的达到排放标准的城市生活污水量占城市生活污水排放总量的比例。该指标反映了城市生活污水处理的程度。

生活垃圾粪便无害化处理率:利用物理、化学及生物等技术实现城市生活垃圾无害化处理的垃圾量占生活垃圾总排放量的比例。由于城市生活垃圾排出量大,成分复杂,且具有污染性,当今广泛应用的垃圾处理方法以卫生填埋、高温堆肥、焚烧技术为主。生活垃圾如若处理不当,容易对地下水产生二次污染,影响区域水环境安全。

9. 水土保持指数

建成区绿化覆盖率:城市建成区的绿化覆盖面积占建成区面积的百分比。建成区绿化覆盖率对城市水环境安全具有重要的水土保持意义。

人均公园绿地面积:城镇公园绿地面积的人均占有量。根据《城市绿地分类标准》(CJJ/T 85—2017),人均公园绿地面积 = 公园绿地面积/城市人口数量。

森林覆盖率:一个国家或地区森林面积占土地面积的百分比,是反映一个国家或地区森林面积占有情况或森林资源丰富程度及实现绿化程度的指标,又是水土保持工作评估的重要参数。

10. 政府管理指数

工业污染治理项目完成投资额:当年完成的用于环境污染治理项目的投资额,一定程度上反映了政府环境治理的力度。

建成区排水管道密度:排水管道的总长度占建成区面积的比重。该指标反映的是区域内排水管道的疏密程度,属市政给排水工程范畴,政府管理水平变高,城市给排水相对完善,污水处理能力提升,间接促进了城市水环境安全。单位是 km/km^2。

污水处理厂:用于人工强化处理工业、生活污水并使之达到排放标准的场所,单位是座。该指标从政府管理角度反映了城市污水处理能力,一般来说,污水处理厂越多,城市污水处理能力越强,水环境越安全。

4.2.4 评价标准的制定

1. 指标评价标准

水环境安全评价指标的评价标准是水环境安全评价指标体系的重要组成部分,会直接影响最终的评价结果的准确性。借鉴相关的研究成果、地表水环境标准、生活饮用水卫生标准、农田灌溉水质标准、国家环保模范城市考核标准等,将评价指标进行分级,并制定划分标准。根据各指标的安全程度划分为五级评价标准,依次为:极安全Ⅰ、安全Ⅱ、基本安全Ⅲ、不安全Ⅳ、极不安全Ⅴ,详见表 4-2。

表 4-2 南京市水环境安全评价指标分级标准

安全状态	极安全Ⅰ	安全Ⅱ	基本安全Ⅲ	不安全Ⅳ	极不安全Ⅴ	分级依据
常住人口 (万人)	[0,500)	[500,650)	[650,800)	[800,950)	[950,∞)	《国务院关于调整城市规模划分标准的通知》
人口密度 (人/km^2)	[0,300)	[300,500)	[500,1 000)	[1 000,2 500)	[2 500,∞)	发达国家或地区平均人口密度

续表

安全状态	极安全Ⅰ	安全Ⅱ	基本安全Ⅲ	不安全Ⅳ	极不安全Ⅴ	分级依据
人口自然增长率(‰)	[0,0.5)	[0.5,2)	[2,3.5)	[3.5,5)	[5,∞)	全国及江苏省平均水平
人均GDP(万元/人)	[0,1.5)	[1.5,3.5)	[3.5,5.5)	[5.5,7.5)	[7.5,∞)	全国及世界平均水平
第三产业比重(%)	[80,∞)	[60,80)	[40,60)	[20,40)	[0,20)	发达国家水平
恩格尔系数(%)	[0,30)	[30,40)	[40,50)	[50,60)	[60,∞)	恩格尔系数标准
经济增长率(%)	[0,8)	[8,10)	[10,12)	[12,14)	[14,∞)	江苏省平均情况
人均日生活用水量[L/(人·d)]	[0,220)	[220,250)	[250,280)	[280,310)	[310,∞)	城市居民生活用水量标准
用水人口(万人)	[0,350)	[350,455)	[455,560)	[560,665)	[665,∞)	常住人口(取常住人口的70%)
单位GDP用水量(m³/万元)	[0,100)	[100,150)	[150,200)	[200,300)	[300,∞)	全国及世界平均水平
工业COD排放负荷(mg/L)	[0,6)	[6,12)	[12,18)	[18,24)	[24,∞)	《地表水环境质量标准》(GB 3838—2002)
工业氨氮排放负荷(mg/L)	[0,0.15)	[0.15,0.5)	[0.5,1.0)	[1.0,1.5)	[1.5,∞)	《地表水环境质量标准》(GB 3838—2002)
农用化肥施用负荷(kg/亩)	[0,15)	[15,21.2)	[21.2,27.4)	[27.4,33.6)	[33.6,∞)	国际及全国平均水平
农用农药施用负荷(kg/亩)	[0,0.4)	[0.4,0.6)	[0.6,0.8)	[0.8,1.0)	[1.0,∞)	南京市平均水平
人均水资源量(m³/人)	[2 300,∞)	[1 700,2 300)	[1 100,1 700)	[500,1 100)	[0,500)	《世界人口行动计划》和环境计划(少于1 700 m³/人将发生用水紧张)
过境水资源量(亿m³)	[10 000,∞)	[9 000,10 000)	[8 000,9 000)	[7 000,8 000)	[0,7 000)	南京市平均水平

续表

安全状态	极安全Ⅰ	安全Ⅱ	基本安全Ⅲ	不安全Ⅳ	极不安全Ⅴ	分级依据
降水量(mm)	[2 000,∞)	[1 500,2 000)	[1 000,1 500)	[500,1 000)	[0,500)	气象干旱等级
城市用水普及率(%)	[95,100)	[85,95)	[75,85)	[65,75)	[0,65)	发达国家水平
Ⅲ类水以上河湖断面比例(%)	[70,100)	[50,70)	[40,50)	[30,40)	[0,30)	发达国家水平
水功能区水质达标率(%)	[80,100)	[70,80)	[60,70)	[50,60)	[0,50)	全国及江苏省平均水平
地下水水质达标率(%)	[95,100)	[90,95)	[85,90)	[80,85)	[0,80)	发达国家水平
集中式饮用水水源地水质达标率(%)	[95,100)	[90,95)	[85,90)	[80,85)	[0,80)	生活饮用水卫生标准
农田实灌亩均用水量(m^3/亩)	[0,300)	[300,420)	[420,500)	[500,600)	[600,∞)	农田灌溉水质标准
工业用水重复利用率(%)	[90,∞)	[80,90)	[70,80)	[60,70)	[0,60)	南京市"十三五"环保规划
节约用水量(万m^3)	[4 500,∞)	[4 000,4 500)	[3 500,4 000)	[3 000,3 500)	[0,3 000)	南京市平均水平
污水年处理量(亿t)	[9.6,∞)	[8.6,9.6)	[7.6,8.6)	[6.6,7.6)	[0,6.6)	南京市平均水平
城市污水日处理能力(万t/d)	[468,∞)	[448,468)	[428,448)	[408,428)	[0,408)	南京市平均水平
城市生活污水集中处理率(%)	[90,100)	[85,90)	[80,85)	[75,80)	[0,75)	国家环保模范城市考核标准
生活垃圾粪便无害化处理率(%)	[95,100)	[90,95)	[85,90)	[80,85)	[0,80)	国家环保模范城市考核标准
建成区绿化覆盖率(%)	[46,100)	[45,46)	[44,45)	[43,44)	[0,43)	南京"十三五"环保规划
人均公园绿地面积(m^2)	[15,100)	[13,15)	[11,13)	[9,11)	[0,9)	全国平均水平

续表

安全状态	极安全Ⅰ	安全Ⅱ	基本安全Ⅲ	不安全Ⅳ	极不安全Ⅴ	分级依据
森林覆盖率（%）	[65,100)	[50,65)	[35,50)	[20,35)	[0,20)	发达国家水平
工业污染治理项目完成投资额（万元）	[24,∞)	[18,24)	[12,18)	[6,12)	[0,6)	南京市平均水平
建成区排水管道密度（km/km^2）	[16,∞)	[12,16)	[8,12)	[4,8)	[0,4)	发达国家水平
污水处理厂（座）	[45,∞)	[35,45)	[25,35)	[15,25)	[0,15)	江苏省平均水平

2. 综合评价标准

水环境综合安全度的数值并不能直接反映水环境安全的状况,通过划分等级,可以将水环境安全度的数值与水环境安全的状况联系起来,根据加权平均原则得到水环境安全度值在区间[1,5]之内,因此,确定表4-3所示的分级标准。

表4-3 水环境安全状态分级标准

安全状态	极安全Ⅰ	安全Ⅱ	基本安全Ⅲ	不安全Ⅳ	极不安全Ⅴ
水环境安全度值	1~1.5	1.5~2.5	2.5~3.5	3.5~4.5	4.5~5

4.3 模糊综合评价模型构建步骤

模糊综合评价法是一种应用广泛的模糊数学方法,其基本思想是:首先确定评价因素的评价等级标准与权重,选择合适的隶属度函数确定评价因素的隶属度矩阵,得到模糊评价矩阵,在权重和模糊评价矩阵之间,通过模糊算子来进行模糊运算,经过多层次的模糊运算,最终得到评价对象的等级。模型包括以下6个步骤。

4.3.1 确定因素集

根据上文的指标体系,将南京市水环境安全指标体系分为4个层次:目标

层 A、准则层 B、指数层 C 以及指标层 D。

将目标层 A 分为 3 个准则层，即 $A=\{B_1,B_2,B_3\}=\{$压力层 B_1，状态层 B_2，响应层 $B_3\}$。

准则层 B 一共包含 10 个指数层 C，$B_1=\{C_1,C_2,C_3,C_4\}=\{$人口压力指数 C_1，经济压力指数 C_2，用水压力指数 C_3，污染负荷指数 $C_4\}$；$B_2=\{C_5,C_6\}=\{$水资源条件指数 C_5，水环境质量指数 $C_6\}$；$B_3=\{C_7,C_8,C_9,C_{10}\}=\{$节水指数 C_7，排污控制指数 C_8，水土保持指数 C_9，政府管理指数 $C_{10}\}$。

而每个指数层 C 包含 m 个指标，$C_i=\{D_{i1},D_{i2},\cdots,D_{im}\}$。

其中，D_{im} 表示为第 $i(i=1,2,3,\cdots,10)$ 指数层下的第 m 个具体指标。

4.3.2 确定权重集

基于上述因素集，可确定权重集。

准则层相对于目标层的权重集为：$W_B=\{W_{B_1},W_{B_2},W_{B_3}\}$。

指数层相对于准则层的权重集为：$W_C=\{W_{C_1},W_{C_2},\cdots,W_{C_{10}}\}$。

指标层相对于指数层的权重集为：$W_{D_i}=\{W_{D_{i1}},W_{D_{i2}},\cdots,W_{D_{im}}\}$。

其中，im 表示第 $i(i=1,2,\cdots,10)$ 个指数层所含的指标数为 m。

不同的指标在评价过程中的重要性不同，指标的权重越大，其影响越大。其中，层次分析法（AHP）建立的判断矩阵能很好地反映对象两两比较的重要程度，是目前研究与应用较为广泛的一种方法，而熵权法能够如实地反映指标间的相互影响与作用，且近年来得到广泛的应用。本次项目基于层次分析法与熵权法的组合赋权法，可以进行优势互补，使权重系数更具有合理性。

1. 层次分析法（AHP）

层次分析法可分为以下几个步骤。

（1）建立递阶层次结构

首先建立评价指标体系，把问题层次化，确立清晰的分级指标体系，如目标层、准则层、指数层等，构造有层次的结构模型，把复杂问题分解。同一层次元素形成的准则，既对下一层次与其相关联的元素起支配作用，同时又受上一层次隶属元素的支配。

（2）构造判断矩阵

在对两个因素进行比较的时候,需要有一个定量的标度,用来确定两个因素的相对重要程度。一般是采用1～9标度法,如表4-4所示。

表4-4 1～9级标度的含义

标度	含义
1	表示两个因素同等重要
3	表示一个因素比另一个稍微重要
5	表示一个因素比另一个明显重要
7	表示一个因素比另一个强烈重要
9	表示一个因素比另一个极端重要
2/4/6/8	表示上述相邻判断的中间值
倒数	因素i与因素j比较判断为a_{ij},则因素j与因素i比较判断为$a_{ji}=1/a_{ij}$

判断矩阵的构成是:选取递阶层次中某一层的因素,例如第i层的因素$D_1,D_2,\cdots,D_n$,以及相邻上一层次中的一个因素C_k,两两比较第i层的所有因素相对于C_k这一因素的重要程度,将结果写入矩阵表,就可以构成C_k-D的判断矩阵,如表4-5所示。在表中,$d_{ij}=D_i/D_j$,表示对于评价目标C_k,因素D_i对于因素D_j的相对重要性的数值表现形式。对于判断矩阵的因素d_{ij},有性质:$d_{ij}>0;d_{ii}=1;d_{ji}=1/d_{ij}$(特点是对角线上的因素为1,即每个因素相对于自身的重要性相同)。

表4-5 两两判断矩阵

C_k-D	D_1	D_2	$\cdots$	D_n
D_1	d_{11}	d_{12}	$\cdots$	d_{1n}
D_2	d_{21}	d_{22}	$\cdots$	d_{2n}
$\cdots$	$\cdots$	$\cdots$	$\cdots$	$\cdots$
D_n	d_{n1}	d_{n2}	$\cdots$	d_{nn}

（3）层次单排序以及一致性检验

构造两两判断矩阵后,计算判断矩阵的最大特征值λ_{max}以及对应最大特征值的特征向量W,经过归一化后,特征向量的各个分量即为本层次各因素的相对权重值。在构造判断矩阵时难免会出现不一致的地方,所以需要对评价结果进行一致性检验,检验的方式是计算出一致性指标 CI 和随机一致性比率 CR：

$$CI = \frac{\lambda_{\max}}{n-1} \tag{4-13}$$

$$CR = \frac{CI}{RI} \tag{4-14}$$

式中,RI 是指平均随机一致性指标,可以通过查表 4-6 得到。CR<0.1,则认为判断矩阵通过一致性检验;CR>0.1,说明判断矩阵没有通过一致性检验,要对判断矩阵各元素的取值进行调整,调整后再进行一致性检验,直到得出 CR<0.1,通过一致性检验。平均随机一致性指标 RI 的取值如表 4-6 所示。

表 4-6 平均随机一致性指标 *RI* 的取值

n	1	2	3	4	5	6	7	8	9
RI	0	0	0.58	0.9	1.12	1.2	1.32	1.41	1.45

2. 熵权法

熵权法的具体步骤如下：

(1) 设 m 个评价样本,n 个评价指标,得到原始矩阵 $\boldsymbol{X}=\{x_{ij}\}_{m\times n}$,其中,$i=1,2,\cdots,m;j=1,2,\cdots,m;x_{ij}$ 表示第 i 个评价对象的第 j 项指标的原始数值,各指标间具有不同的量纲,之间没有可比性,为了使各项指标之间有可比性,对原始数据构成的矩阵做标准化处理。对于正向指标,选用公式 4-15;对于负向指标,选用公式 4-16。

$$y_{ij} = \frac{x_{ij}-\min(x_{ij})}{\max(x_{ij})-\min(x_{ij})} \tag{4-15}$$

$$y_{ij} = \frac{\max(x_{ij})-(x_{ij})}{\max(x_{ij})-\min(x_{ij})} \tag{4-16}$$

式中,x_{ij} 为第 i 年中第 j 个指标的原始数值,$\max(x_{ij})$ 表示第 j 个评价指标最大值,$\min(x_{ij})$ 表示第 j 个评价指标最小值。原始矩阵通过标准化后转化为矩阵 $\boldsymbol{Y}$,$\boldsymbol{Y}=(y_{ij})_{m\times n}$,$y_{ij}$ 为第 i 年第 j 个指标的标准值。

(2) 根据标准化后得到的数值计算各评价指标的信息熵 H_j,公式为：

$$H_j = -k \sum_{i=1}^{n} p_{ij} \times \ln p_{ij}, (i=1,2,3,\cdots,n; j=1,2,3,\cdots,m), 式中, p_{ij} = \frac{y_{ij}+1}{\sum_{i=1}^{n}(y_{ij}+1)}, k=1/\ln n。$$

(3) 计算熵权 w_j,公式为:$w_j = 1 - H_j / \sum_{j=2}^{m}(1-H_j), (j=1,2,3,\cdots,m)$。

3. 组合赋权

采用层次分析法和熵权法两种确定权重的方法,且无偏好性(ε 取 0.5),可采用简单的算术平均法进行权重的组合,如下式:

$$A = 0.5(A_1 + A_2) \tag{4-17}$$

式中,A_1 指的是用层次分析法求得的权重,A_2 指的是用熵权法求得的权重。

4.3.3 确定评价等级标准集合

$$\boldsymbol{V}_{imj} = \begin{bmatrix} V_{111} & V_{112} & V_{113} & V_{114} & V_{115} \\ V_{121} & V_{122} & V_{123} & V_{124} & V_{125} \\ V_{211} & V_{212} & V_{213} & V_{214} & V_{215} \\ V_{\Lambda} & \Lambda & \Lambda & \Lambda & \Lambda \\ V_{1041} & V_{1042} & V_{1043} & V_{1044} & V_{1045} \end{bmatrix} \tag{4-18}$$

式中,$\boldsymbol{V}_{imj}$ 表示第 $i(i=1,2,\cdots,10)$ 个指数层下的第 m 个指标所对应的第 $j(j=1,2,\cdots,5)$ 级的评价标准。

4.3.4 确定隶属度矩阵

依据各指标的评价标准,选择隶属度函数,建立指标的隶属度函数,经计算,确定隶属度矩阵 $\boldsymbol{R}$。

$$\boldsymbol{R}_i = \begin{bmatrix} r_{i11} & r_{i12} & r_{i13} & r_{i14} & r_{i15} \\ r_{i21} & r_{i22} & r_{i23} & r_{i24} & r_{i25} \\ r_{i11} & r_{i12} & r_{i13} & r_{i14} & r_{i15} \\ r_{\Lambda} & \Lambda & \Lambda & \Lambda & \Lambda \\ r_{im1} & r_{im2} & r_{im3} & r_{im4} & r_{im5} \end{bmatrix} \tag{4-19}$$

第4章 长江经济带典型城市水环境安全综合评价

式中,$\boldsymbol{R}_i$是第$i(i=1,2,\cdots,10)$个指数层的隶属度矩阵,im表示第i个指数层含有m个指数。

项目选取三角形隶属度函数,将各个指标评价标准的中间值作为模糊评价的区间点,计算各指标的隶属度函数,如图4-1对应越小越优型指标,而越大越优型指标的图形与之完全相同,Ⅰ级到Ⅴ级的顺序则正好相反。

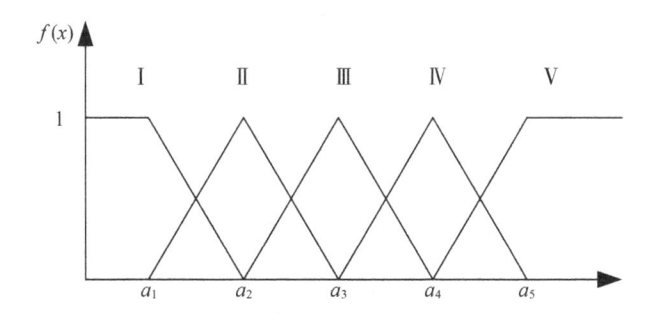

图4-1 隶属度函数

水环境安全评价指标分为极安全Ⅰ、安全Ⅱ、基本安全Ⅲ、不安全Ⅳ、极不安全Ⅴ五个等级,各级的隶属度函数的计算方法如下:

$$f_1(x) = \begin{cases} 1 & x \leqslant a_1 \\ \dfrac{a_2 - x}{a_2 - a_1} & a_1 < x \leqslant a_2 \\ 0 & x > a_2 \end{cases} \quad (4\text{-}20)$$

$$f_2(x) = \begin{cases} \dfrac{x - a_1}{a_2 - a_1} & a_1 < x \leqslant a_2 \\ \dfrac{a_2 - x}{a_2 - a_1} & a_2 < x \leqslant a_3 \\ 0 & x \leqslant a_1, x > a_3 \end{cases} \quad (4\text{-}21)$$

$$f_3(x) = \begin{cases} \dfrac{x - a_2}{a_3 - a_2} & a_2 < x \leqslant a_3 \\ \dfrac{a_4 - x}{a_4 - a_3} & a_3 < x \leqslant a_4 \\ 0 & x \leqslant a_2, x > a_4 \end{cases} \quad (4\text{-}22)$$

$$f_4(x)=\begin{cases}\dfrac{x-a_3}{a_4-a_3} & a_3<x\leqslant a_4\\ \dfrac{a_5-x}{a_5-a_4} & a_4<x\leqslant a_5\\ 0 & x\leqslant a_3,x>a_5\end{cases} \quad (4\text{-}23)$$

$$f_5(x)=\begin{cases}0 & x\leqslant a_4\\ \dfrac{x-a_4}{a_5-a_4} & a_4<x\leqslant a_5\\ 1 & x>a_5\end{cases} \quad (4\text{-}24)$$

4.3.5 分层模糊评价

南京市水环境安全的指标体系一共有四个层次，需要进行三级模糊综合评价，才能得到最终的水环境安全评价。其中指标层对指数层的模糊评价为 $\boldsymbol{C}=(\boldsymbol{C}_1,\boldsymbol{C}_2,\cdots,\boldsymbol{C}_{10})^{\mathrm{T}}$，$\boldsymbol{C}_i$ 计算如下：

$$\boldsymbol{C}_i=\boldsymbol{W}_{\boldsymbol{C}_i}o\boldsymbol{R}_i=(w_{D_{i1}},w_{D_{i2}},\cdots,w_{D_{im}})o\begin{bmatrix}r_{i11} & r_{i12} & r_{i13} & r_{i14} & r_{i15}\\ r_{i21} & r_{i22} & r_{i23} & r_{i24} & r_{i25}\\ r_{i31} & r_{i32} & r_{i33} & r_{i34} & r_{i45}\\ r_\Lambda & \Lambda & \Lambda & \Lambda & \Lambda\\ r_{im1} & r_{im2} & r_{im3} & r_{im4} & r_{im5}\end{bmatrix} \quad (4\text{-}25)$$

式中，$\boldsymbol{C}_i$ 为第 $i(i=1,2,\cdots,10)$ 指数层的模糊评价，运算符号 o 是模糊合成算子，为保留单因素评判的全部信息，这里模糊合成算子，表示相乘相加计算模型。

指数层对准则层的模糊评价为 $\boldsymbol{B}=(\boldsymbol{B}_1,\boldsymbol{B}_2,\boldsymbol{B}_3)^{\mathrm{T}}$，$\boldsymbol{B}_i$ 计算如下：

$$\boldsymbol{B}_1=\boldsymbol{W}_{\boldsymbol{B}_1}o\boldsymbol{B}_1=(w_{C_1},w_{C_2},w_{C_3},w_{C_4})o\begin{bmatrix}\boldsymbol{W}_{C_1}o\boldsymbol{R}_1\\ \boldsymbol{W}_{C_2}o\boldsymbol{R}_2\\ \boldsymbol{W}_{C_3}o\boldsymbol{R}_3\\ \boldsymbol{W}_{C_4}o\boldsymbol{R}_4\end{bmatrix} \quad (4\text{-}26)$$

$$\boldsymbol{B}_2=\boldsymbol{W}_{\boldsymbol{B}_2}o\boldsymbol{B}_2=(w_{C_5},w_{C_6})o\begin{bmatrix}\boldsymbol{W}_{C_5}o\boldsymbol{R}_5\\ \boldsymbol{W}_{C_6}o\boldsymbol{R}_6\end{bmatrix} \quad (4\text{-}27)$$

$$B_3 = W_{B_3} \circ B_3 = (w_{C_7}, w_{C_8}, w_{C_9}, w_{C_{10}}) \circ \begin{bmatrix} W_{C_7} \circ R_7 \\ W_{C_8} \circ R_8 \\ W_{C_9} \circ R_9 \\ W_{C_{10}} \circ R_{10} \end{bmatrix} \quad (4\text{-}28)$$

准则层对目标层的模糊评价为：

$$A = W_B \circ B = (w_{B_1}, w_{B_2}, w_{B_3}) \circ \begin{bmatrix} W_{B_1} \circ B_1 \\ W_{B_2} \circ B_2 \\ W_{B_3} \circ B_3 \end{bmatrix} = (A_1, A_2, A_3, A_4, A_5) \quad (4\text{-}29)$$

式中，$A_j(j=1,2,\cdots,5)$ 指水环境安全对第 j 等级的隶属程度，A 是水环境安全对五个安全等级的隶属度组成的隶属度矩阵。

4.3.6 综合评价

1. 基于最大隶属度原则综合评价

模糊综合评价结果向量 $S = (s_1, s_2, \cdots, s_m)$，若 $S_r = \max\limits_{1 \leqslant j \leqslant m} \{S_j\}$，则被评事物总体上隶属于第 r 等级，这种综合评价方法为最大隶属度原则。这种评价方法对模糊运算结果得到的数值进行取舍，在某些情况下会造成较多信息的损失，使评价结果不能反映水环境安全的真实情况，因此本书采用加权平均原则，对此方法进行改进。

2. 基于加权平均原则综合评价

加权平均原则的原理是将评价等级视为一种连续的相对位置，将其定量化处理，采用数值 $\{1,2,\cdots,m\}$ 表示各评价等级，称为各等级的秩，对应评价对象将各等级的秩进行加权运算，得到各评价对象的相对位置。其计算公式如下：

$$S_r = \sum_{j=1}^{m} s_j^k \times j \Big/ \sum_{j=1}^{m} s_j^k \quad (4\text{-}30)$$

式中，k 为待定系数（$k=1$ 或 $k=2$），是为了控制较大的 s_j 所起的作用，当 $k \to \infty$ 时，加权平均原则就转化为最大隶属度原则。

利用加权平均原则对模糊综合评价结果向量进行分析，既可以得到评价对象的等级，还能对多个评价对象进行比较。

4.4 南京市水环境安全综合评价

以 2005—2014 年《南京市水资源公报》《南京统计年鉴》等为资料来源，在 P-S-R 框架模型下，利用模糊综合评价法对南京市 2005 年以来的水环境安全进行综合评价，并对结果进行对比分析，识别南京市水环境安全状况的演变趋势。

4.4.1 指标权重分析

1. 用层次分析法确定指标权重

根据 4.3.2 中层次分析法的步骤，参考一些学者的研究成果，得到各层次的判断矩阵和相对权重值，如表 4-7 至表 4-19 所示。

表 4-7 判断矩阵 B_1-C

B_1-C	C_1	C_2	C_3	C_4	相对权重
人口压力指数 C_1	1	1/2	1	1/2	0.167
经济压力指数 C_2	2	1	2	1	0.333
用水压力指数 C_3	1	1/2	1	1/2	0.167
污染负荷指数 C_4	2	1	2	1	0.333

注：$\lambda_{max}=4, CI=0, CR=0<0.1$，判断矩阵具有一致性。

表 4-8 判断矩阵 B_2-C

B_2-C	C_5	C_6	相对权重
水资源条件指数 C_5	1	1	0.500
水环境质量指数 C_6	1	1	0.500

注：$\lambda_{max}=2, CI=0, CR=0<0.1$，判断矩阵具有一致性。

表 4-9 判断矩阵 B_3-C

B_3-C	C_7	C_8	C_9	C_{10}	相对权重
节水指数 C_7	1	1/2	1	1	0.200
排污控制指数 C_8	2	1	2	2	0.400
水土保持指数 C_9	1	1/2	1	1	0.200
政府管理指数 C_{10}	1	1/2	1	1	0.200

注：$\lambda_{max}=4, CI=0, CR=0<0.1$，判断矩阵具有一致性。

第4章 长江经济带典型城市水环境安全综合评价

表 4-10 判断矩阵 C_1-D

C_1-D	D_{11}	D_{12}	D_{13}	相对权重
常住人口 D_{11}	2	2	1	0.500
人口密度 D_{12}	1	1	1/2	0.250
人口自然增长率 D_{13}	1	1	1/2	0.250

注:$\lambda_{max}=3$,$CI=0$,$CR=0<0.1$,判断矩阵具有一致性。

表 4-11 判断矩阵 C_2-D

C_2-D	D_{21}	D_{22}	D_{23}	D_{24}	相对权重
人均GDP D_{21}	1	1	1	1	0.250
第三产业比重 D_{22}	1	1	1	1	0.250
恩格尔系数 D_{23}	1	1	1	1	0.250
经济增长率 D_{24}	1	1	1	1	0.250

注:$\lambda_{max}=4$,$CI=0$,$CR=0<0.1$,判断矩阵具有一致性。

表 4-12 判断矩阵 C_3-D

C_3-D	D_{31}	D_{32}	D_{33}	相对权重
人均日生活用水量 D_{31}	1	1	1	0.333
用水人口 D_{32}	1	1	1	0.333
单位GDP用水量 D_{33}	1	1	1	0.333

注:$\lambda_{max}=3$,$CI=0$,$CR=0<0.1$,判断矩阵具有一致性。

表 4-13 判断矩阵 C_4-D

C_4-D	D_{41}	D_{42}	D_{43}	D_{44}	相对权重
工业COD排放负荷 D_{41}	1	1	1	1	0.250
工业氨氮排放负荷 D_{42}	1	1	1	1	0.250
农用化肥施用负荷 D_{43}	1	1	1	1	0.250
农用农药施用负荷 D_{44}	1	1	1	1	0.250

注:$\lambda_{max}=4$,$CI=0$,$CR=0<0.1$,判断矩阵具有一致性。

表 4-14 判断矩阵 C_5-D

C_5-D	D_{51}	D_{52}	D_{53}	D_{54}	相对权重
人均水资源量 D_{51}	2	1	3	1	0.351
过境水资源量 D_{52}	1	1/2	2	1/2	0.189

续表

C_5-D	D_{51}	D_{52}	D_{53}	D_{54}	相对权重
降水量 D_{53}	2	1	3	1	0.351
城市用水普及率 D_{54}	1/2	1/3	1	1/3	0.109

注：$\lambda_{max}=4.0104$，$CI=0.0039$，$CR=0.0035<0.1$，判断矩阵具有一致性。

表 4-15　判断矩阵 C_6-D

C_6-D	D_{61}	D_{63}	D_{64}	D_{65}	相对权重
Ⅲ类水以上河湖断面比例 D_{61}	1	1	1	1	0.250
水功能区水质达标率 D_{62}	1	1	1	1	0.250
地下水水质达标率 D_{63}	1	1	1	1	0.250
集中式饮用水水源地水质达标率 D_{64}	1	1	1	1	0.250

注：$\lambda_{max}=4$，$CI=0$，$CR=0<0.1$，判断矩阵具有一致性。

表 4-16　判断矩阵 C_7-D

C_7-D	D_{71}	D_{72}	D_{73}	相对权重
农田实灌亩均用水量 D_{71}	1	1	1	0.333
工业用水重复利用率 D_{72}	1	1	1	0.333
节约用水量 D_{73}	1	1	1	0.333

注：$\lambda_{max}=4$，$CI=0$，$RI=0.9$，$CR=0<0.1$，判断矩阵具有一致性。

表 4-17　判断矩阵 C_8-D

C_8-D	D_{81}	D_{82}	D_{83}	D_{84}	相对权重
污水年处理量 D_{81}	1	1	1	2	0.286
城市污水日处理能力 D_{82}	1	1	1	2	0.286
城市生活污水集中处理率 D_{83}	1	1	1	2	0.286
生活垃圾粪便无害化处理率 D_{84}	1/2	1/2	1/2	1	0.143

注：$\lambda_{max}=4$，$CI=0$，$RI=0.9$，$CR=0<0.1$，判断矩阵具有一致性。

表 4-18　判断矩阵 C_9-D

C_9-D	D_{91}	D_{92}	D_{93}	相对权重
建成区绿化覆盖率 D_{91}	1	1	1	0.333
人均公园绿地面积 D_{92}	1	1	1	0.333
森林覆盖率 D_{93}	1	1	1	0.333

注：$\lambda_{max}=3$，$CI=0$，$CR=0<0.1$，判断矩阵具有一致性。

表 4-19　判断矩阵 C_{10}-D

C_{10}-D	D_{101}	D_{102}	D_{103}	相对权重
工业污染治理项目完成投资额 D_{101}	1	1	1	0.333
建成区排水管道密度 D_{102}	1	1	1	0.333
污水处理厂 D_{103}	1	1	1	0.333

注：$\lambda_{max}=3$，$CI=0$，$CR=0<0.1$，判断矩阵具有一致性。

总结以上判断矩阵所得相对权重，最终可以得到通过层次分析法计算的各层次指标的相对权重值，具体结果如表 4-20 所示。

表 4-20　层次分析法确定的各层次指标权重

目标层 A	准则层 B	指数层 C	指标层 D	绝对权重	相对权重
水环境安全指数 A	压力层 B_1 0.400	人口压力指数 C_1 0.067	D_{11}	0.033	0.500
			D_{12}	0.017	0.250
			D_{13}	0.017	0.250
		经济压力指数 C_2 0.133	D_{21}	0.033	0.250
			D_{22}	0.033	0.250
			D_{23}	0.033	0.250
			D_{24}	0.033	0.250
		用水压力指数 C_3 0.067	D_{31}	0.022	0.333
			D_{32}	0.022	0.333
			D_{33}	0.022	0.333
		污染负荷指数 C_4 0.133	D_{41}	0.033	0.250
			D_{42}	0.033	0.250
			D_{43}	0.033	0.250
			D_{44}	0.033	0.250
	状态层 B_2 0.200	水资源条件指数 C_5 0.100	D_{51}	0.035	0.351
			D_{52}	0.019	0.189
			D_{53}	0.035	0.351
			D_{54}	0.011	0.109
		水环境质量指数 C_6 0.100	D_{61}	0.025	0.250
			D_{62}	0.025	0.250
			D_{63}	0.025	0.250
			D_{64}	0.025	0.250

续表

目标层 A	准则层 B	指数层 C	指标层 D	绝对权重	相对权重
水环境安全指数 A	响应层 B_3 0.400	节水指数 C_7 0.080	D_{71}	0.027	0.333
			D_{72}	0.027	0.333
			D_{73}	0.027	0.333
		排污控制指数 C_8 0.160	D_{81}	0.046	0.286
			D_{82}	0.046	0.286
			D_{83}	0.046	0.286
			D_{84}	0.023	0.143
		水土保持指数 C_9 0.080	D_{91}	0.027	0.333
			D_{92}	0.027	0.333
			D_{93}	0.027	0.333
		政府管理指数 C_{10} 0.080	D_{101}	0.027	0.333
			D_{102}	0.027	0.333
			D_{103}	0.027	0.333

2. 用熵权法确定指标权重

根据 4.3.2 中熵权法的步骤，计算各指标权重，结果如表 4-21 所示。

表 4-21 熵权法确定的各层次指标权重

目标层 A	准则层 B	指数层 C	指标层 D	绝对权重	相对权重
水环境安全指数 A	压力层 B_1 0.425	人口压力指数 C_1 0.080	D_{11}	0.039	0.479
			D_{12}	0.021	0.255
			D_{13}	0.021	0.266
		经济压力指数 C_2 0.119	D_{21}	0.031	0.262
			D_{22}	0.028	0.234
			D_{23}	0.029	0.242
			D_{24}	0.031	0.262
		用水压力指数 C_3 0.098	D_{31}	0.036	0.370
			D_{32}	0.030	0.305
			D_{33}	0.032	0.325
		污染负荷指数 C_4 0.128	D_{41}	0.033	0.258
			D_{42}	0.026	0.201
			D_{43}	0.050	0.392
			D_{44}	0.019	0.149

续表

目标层 A	准则层 B	指数层 C	指标层 D	绝对权重	相对权重
水环境安全指数 A	状态层 B_2 0.207	水资源条件指数 C_5 0.116	D_{51}	0.035	0.298
			D_{52}	0.031	0.264
			D_{53}	0.032	0.273
			D_{54}	0.019	0.166
		水环境质量指数 C_6 0.090	D_{61}	0.022	0.248
			D_{62}	0.022	0.244
			D_{63}	0.027	0.295
			D_{64}	0.019	0.213
	响应层 B_3 0.369	节水指数 C_7 0.073	D_{71}	0.019	0.258
			D_{72}	0.029	0.403
			D_{73}	0.025	0.339
		排污控制指数 C_8 0.117	D_{81}	0.029	0.247
			D_{82}	0.025	0.215
			D_{83}	0.038	0.320
			D_{84}	0.026	0.218
		水土保持指数 C_9 0.094	D_{91}	0.045	0.479
			D_{92}	0.020	0.213
			D_{93}	0.029	0.308
		政府管理指数 C_{10} 0.084	D_{101}	0.026	0.310
			D_{102}	0.025	0.293
			D_{103}	0.033	0.397

3. 组合权重

基于层次分析法和熵权法所求得的各层次指标权重,通过组合赋权的方式得到最终权重数值,如表 4-22 所示。

表 4-22 组合赋权确定的各指标权重

目标层 A	准则层 B	指数层 C	指标层 D	绝对权重	相对权重
水环境安全指数 A	压力层 B_1 0.412	人口压力指数 C_1 0.074	D_{11}	0.036	0.488
			D_{12}	0.019	0.253
			D_{13}	0.019	0.259

续表

目标层 A	准则层 B	指数层 C	指标层 D	绝对权重	相对权重
水环境安全指数 A	压力层 B_1 0.412	经济压力指数 C_2 0.126	D_{21}	0.032	0.256
			D_{22}	0.031	0.242
			D_{23}	0.031	0.246
			D_{24}	0.032	0.256
		用水压力指数 C_3 0.082	D_{31}	0.029	0.355
			D_{32}	0.026	0.317
			D_{33}	0.027	0.328
		污染负荷指数 C_4 0.130	D_{41}	0.033	0.254
			D_{42}	0.030	0.226
			D_{43}	0.042	0.319
			D_{44}	0.026	0.201
	状态层 B_2 0.203	水资源条件指数 C_5 0.108	D_{51}	0.035	0.323
			D_{52}	0.025	0.229
			D_{53}	0.033	0.309
			D_{54}	0.015	0.139
		水环境质量指数 C_6 0.095	D_{61}	0.024	0.249
			D_{62}	0.024	0.247
			D_{63}	0.026	0.271
			D_{64}	0.022	0.232
	响应层 B_3 0.385	节水指数 C_7 0.077	D_{71}	0.023	0.297
			D_{72}	0.028	0.367
			D_{73}	0.026	0.336
		排污控制指数 C_8 0.139	D_{81}	0.037	0.269
			D_{82}	0.035	0.256
			D_{83}	0.042	0.300
			D_{84}	0.024	0.175
		水土保持指数 C_9 0.087	D_{91}	0.036	0.412
			D_{92}	0.023	0.268
			D_{93}	0.028	0.320
		政府管理指数 C_{10} 0.082	D_{101}	0.026	0.321
			D_{102}	0.026	0.313
			D_{103}	0.030	0.366

采用层次分析法和熵权法相结合的方法得到指标体系中各层次的权重,在准则层中,压力、状态、响应三者权重之比为 0.412∶0.203∶0.385,说明在 P-S-R 模型中压力层对水环境安全有重要的作用与影响,其次为响应层,最后为状态层。

在指数层中,权重较大的指数为经济压力指数 C_2、污染负荷指数 C_4、水资源条件指数 C_5、水环境质量指数 C_6、排污控制指数 C_8,说明这些指数对水环境安全的影响较大,在改善水环境安全过程中,需要着重考虑这些权重较大的指数。

在压力指标中,常住人口 D_{11}、人均 GDP D_{21}、第三产业比重 D_{22}、恩格尔系数 D_{23}、经济增长率 D_{24}、工业 COD 排放负荷 D_{41}、工业氨氮排放负荷 D_{42}、农用化肥施用负荷 D_{43} 等指标权重值大,说明南京市水环境安全的压力主要来自经济快速发展所带来的生活、生产用水及污染物的排放。未来控制人口规模,调整产业结构,增加第三产业的比重,强化污染减排工作,有利于缓解南京市水环境安全压力。

在状态指标中,人均水资源量 D_{51}、降水量 D_{53} 等权重系数较大,说明南京市水资源条件对水环境安全具有重要影响。虽然降水量为自然因素,难以控制,但可以通过将人口规模控制在合适范围内,增加人均水资源量,进而促进南京市水环境安全。

在响应指标中,污水年处理量 D_{81}、城市污水日处理能力 D_{82}、城市生活污水集中处理率 D_{83}、建成区绿化覆盖率 D_{91} 及污水处理厂 D_{103} 等权重系数相对较大,可知提高排污控制工作是有效改善南京市水环境安全的重要途径。同时,有关部门还应抓好市政工程建设,这对于改善当前水环境安全状态并保障未来水环境安全具有十分重要的意义。

4.4.2 隶属度分析

选取 2005—2014 年南京市各项水环境安全评价指标统计数据,该指标数据主要来源于《南京统计年鉴》《南京市水资源公报》及相关网站等资料,原始数据如表 4-23 所示,根据前述隶属度函数计算公式,参考各指标评价标准构建的隶属度函数,计算指标的隶属度矩阵,因为数据较多,在此只列举了 2014 年各评价指标的隶属度向量值，如表 4-24 所示。

表 4-23 各评价年份指标原始数据

指标	2005年	2006年	2007年	2008年	2009年	2010年	2011年	2012年	2013年	2014年
D_{11}	689.80	719.06	741.30	758.89	771.31	800.76	810.91	816.10	818.78	821.61
D_{12}	1 084	1 815	1 933	1 546	1 596	1 600	1 532	1 417	1 419	1 440
D_{13}	2.34	2.18	2.84	2.51	2.18	1.22	3.69	3.41	4.21	5.20
D_{21}	3.61	3.86	4.55	5.09	5.53	6.53	7.63	8.85	9.88	10.75
D_{22}	46.92	48.01	48.43	50.44	51.31	51.85	52.40	53.40	54.73	56.49
D_{23}	36.06	33.88	35.27	36.56	35.78	35.15	35.50	34.90	33.50	26.00
D_{24}	15.10	15.10	15.70	12.10	11.50	13.10	12.00	11.70	11.00	10.10
D_{31}	318.06	239.96	234.41	252.04	262.41	314.80	304.09	289.50	281.81	295.96
D_{32}	472.62	431.32	466.75	478.16	492.61	494.87	532.65	567.27	599.54	608.53
D_{33}	240.59	220.57	180.63	118.15	96.38	81.54	75.89	60.89	52.11	47.77
D_{41}	6.45	6.57	6.66	6.79	6.20	5.98	8.62	9.61	8.50	10.00
D_{42}	0.22	0.25	0.16	0.15	0.18	0.21	0.14	0.13	0.15	0.12
D_{43}	24.69	23.74	24.05	18.85	18.39	17.92	16.96	16.62	16.54	16.07
D_{44}	0.36	0.22	0.21	0.21	0.14	0.13	0.13	0.12	0.13	0.10
D_{51}	390.11	359.64	282.48	258.40	463.63	464.18	444.19	330.72	289.70	374.39
D_{52}	9 047	6 917	7 746	8 330	7 876	10 347	6 715	10 079	7 914	8 986
D_{53}	1 092.00	1 127.10	1 031.30	963.20	1 272.40	1 219.40	1 087.40	1 071.60	947.90	1 243.70
D_{54}	92.06	100.00	100.00	100.00	100.00	100.00	100.00	100.00	99.98	99.98
D_{61}	38.00	30.00	35.00	23.90	31.20	37.40	29.10	34.40	40.20	44.10
D_{62}	56.70	39.30	38.40	23.20	41.52	55.80	44.60	53.60	62.50	68.10
D_{63}	69.23	82.61	85.00	60.00	70.59	66.67	53.33	33.33	26.70	73.40
D_{64}	100.00	99.53	100.00	100.00	100.00	100.00	100.00	100.00	100.00	100.00
D_{71}	614.39	567.67	544.37	555.15	478.57	508.85	688.37	520.98	505.67	391.01
D_{72}	72.31	80.90	87.10	86.78	87.24	88.10	64.75	74.80	70.36	80.47
D_{73}	2 513	2 803	3 280	3 780	4 230	4 730	3 638	2 856	2 074	3 466
D_{81}	97 964	56 426	62 843	66 637	66 582	71 493	83 701	84 802	87 767	89 733
D_{82}	384.82	431.30	392.30	424.30	426.50	428.60	437.30	437.30	458.80	463.40
D_{83}	81.21	83.20	83.58	85.96	87.50	88.82	95.16	94.60	94.22	95.32
D_{84}	87.46	94.58	96.64	96.93	74.88	78.74	86.60	90.42	90.83	92.10

续表

指标	2005年	2006年	2007年	2008年	2009年	2010年	2011年	2012年	2013年	2014年
D_{91}	44.94	45.49	45.92	46.12	44.11	44.38	44.42	44.02	44.06	44.14
D_{92}	11.96	13.20	12.99	13.20	13.60	13.69	14.09	13.94	14.55	14.98
D_{93}	21	22	23	24	25	26	26	27.26	28.50	29
D_{101}	2.06	5.27	5.86	6.43	7.74	3.16	8.76	26.43	12.10	9.02
D_{102}	6.59	5.69	7.60	7.67	7.94	8	8.31	9.16	10.37	10.77
D_{103}	10	10	12	17	16	17	19	19	24	23

表 4-24 各层指标 2014 年隶属度向量值

目标层A	准则层B	指数层C	指标层D	隶属度向量值
水环境安全指数 A	压力层 B_1	人口压力指数 C_1	常住人口 D_{11}	$R(D_{11})=[0.000,0.000,0.000,0.856,0.144]$
			人口密度 D_{12}	$R(D_{12})=[0.000,0.000,0.000,0.707,0.293]$
			人口自然增长率 D_{13}	$R(D_{13})=[0.000,0.000,0.000,0.000,1.000]$
		经济压力指数 C_2	人均GDP D_{21}	$R(D_{21})=[0.000,0.000,0.000,0.000,1.000]$
			第三产业比重 D_{22}	$R(D_{22})=[0.000,0.825,0.175,0.000,0.000]$
			恩格尔系数 D_{23}	$R(D_{23})=[0.133,0.867,0.000,0.000,0.000]$
			经济增长率 D_{24}	$R(D_{24})=[0.000,0.950,0.050,0.000,0.000]$
		用水压力指数 C_3	人均日生活用水量 D_{31}	$R(D_{31})=[0.000,0.000,0.000,0.468,0.532]$
			用水人口 D_{32}	$R(D_{32})=[0.000,0.000,0.000,0.538,0.462]$
			单位GDP用水量 D_{33}	$R(D_{33})=[0.522,0.478,0.000,0.000,0.000]$
		污染负荷指数 C_4	工业COD排放负荷 D_{41}	$R(D_{41})=[0.000,0.333,0.667,0.000,0.000]$
			工业氨氮排放负荷 D_{42}	$R(D_{42})=[0.167,0.833,0.000,0.000,0.000]$

续表

目标层 A	准则层 B	指数层 C	指标层 D	隶属度向量值
水环境安全指数 A	压力层 B_1	污染负荷指数 C_4	农用化肥施用负荷 D_{43}	$R(D_{43})=[0.000, 0.827, 0.173, 0.000, 0.000]$
			农用农药施用负荷 D_{44}	$R(D_{44})=[1.000, 0.000, 0.000, 0.000, 0.000]$
	状态层 B_2	水资源条件指数 C_5	人均水资源量 D_{51}	$R(D_{51})=[0.000, 0.000, 0.000, 0.749, 0.251]$
			过境水资源量 D_{52}	$R(D_{52})=[0.000, 0.986, 0.014, 0.000, 0.000]$
			降水量 D_{53}	$R(D_{53})=[0.000, 0.487, 0.513, 0.000, 0.000]$
			城市用水普及率 D_{54}	$R(D_{54})=[1.000, 0.000, 0.000, 0.000, 0.000]$
		水环境质量指数 C_6	Ⅲ类水以上河湖断面比例 D_{61}	$R(D_{61})=[0.000, 0.410, 0.590, 0.000, 0.000]$
			水功能区水质达标率 D_{62}	$R(D_{62})=[0.000, 0.810, 0.190, 0.000, 0.000]$
			地下水水质达标率 D_{63}	$R(D_{63})=[0.000, 0.000, 0.000, 0.918, 0.082]$
			集中式饮用水水源地水质达标率 D_{64}	$R(D_{64})=[1.000, 0.000, 0.000, 0.000, 0.000]$
	响应层 B_3	节水指数 C_7	农田实灌亩均用水量 D_{71}	$R(D_{71})=[0.000, 0.242, 0.758, 0.000, 0.000]$
			工业用水重复利用率 D_{72}	$R(D_{72})=[0.047, 0.953, 0.000, 0.000, 0.000]$
			节约用水量 D_{73}	$R(D_{73})=[0.000, 0.000, 0.932, 0.068, 0.000]$
		排污控制指数 C_8	污水年处理量 D_{81}	$R(D_{81})=[0.373, 0.627, 0.000, 0.000, 0.000]$
			城市污水日处理能力 D_{82}	$R(D_{82})=[0.770, 0.230, 0.000, 0.000, 0.000]$
			城市生活污水集中处理率 D_{83}	$R(D_{83})=[1.000, 0.000, 0.000, 0.000, 0.000]$
			生活垃圾粪便无害化处理率 D_{84}	$R(D_{84})=[0.420, 0.580, 0.000, 0.000, 0.000]$

续表

目标层 A	准则层 B	指数层 C	指标层 D	隶属度向量值
水环境安全指数 A	响应层 B_3	水土保持指数 C_9	建成区绿化覆盖率 D_{91}	$R(D_{91})=[0.000,0.140,0.860,0.000,0.000]$
			人均公园绿地面积 D_{92}	$R(D_{92})=[0.990,0.010,0.000,0.000,0.000]$
			森林覆盖率 D_{93}	$R(D_{93})=[0.000,0.000,0.600,0.400,0.000]$
		政府管理指数 C_{10}	工业污染治理项目完成投资额 D_{101}	$R(D_{101})=[0.000,0.000,0.503,0.497,0.000]$
			建成区排水管道密度 D_{102}	$R(D_{102})=[0.000,0.693,0.307,0.000,0.000]$
			污水处理厂 D_{103}	$R(D_{103})=[0.600,0.400,0.000,0.000,0.000]$

4.4.3 典型年分层模糊评价

以 2014 年为典型年，分别对指数层(C)、准则层(B)及目标层(A)进行模糊综合运算，根据计算得到的隶属度向量值进行分层模糊评价。

1. 指数层 C

依据各指标层 D 相对于指数层 C 的权重以及指标层综合评价结果，经模糊综合运算得出指数层综合评价结果，运算过程及结果分别如下。

(1) 人口压力指数 C_1

$$C_1 = W_{C_1} o R_1 = (0.488, 0.253, 0.259) o \begin{bmatrix} 0 & 0 & 0 & 0.856 & 0.144 \\ 0 & 0 & 0 & 0.707 & 0.293 \\ 0 & 0 & 0 & 0 & 1 \end{bmatrix}$$

$$= [0, 0, 0, 0.596, 0.404]$$

2014 年影响南京市水环境的人口压力指数隶属度向量显示，人口压力层隶属于安全以上等级的为 0%，59.6% 隶属于不安全等级，其中 40.4% 隶属于极不安全等级。因此，2014 年人口压力大，整体不安全。

(2) 经济压力指数 C_2

$$C_2 = W_{C_2} o R_2 = (0.256, 0.242, 0.246, 0.256) o \begin{bmatrix} 0 & 0 & 0 & 0 & 1 \\ 0 & 0.825 & 0.175 & 0 & 0 \\ 0.133 & 0.867 & 0 & 0 & 0 \\ 0 & 0.950 & 0.050 & 0 & 0 \end{bmatrix}$$

$$= [0.033, 0.656, 0.055, 0, 0.256]$$

经济压力层隶属度向量结果显示,2014 年安全状况隶属于基本安全及以上等级的为 74.4%,其中 68.9% 为安全及以上等级,5.5% 为基本安全等级,25.6% 为极不安全等级。总体来看,经济压力层安全。

(3) 用水压力指数 C_3

$$C_3 = W_{C_3} o R_3 = (0.355, 0.317, 0.328) o \begin{bmatrix} 0 & 0 & 0 & 0.468 & 0.532 \\ 0 & 0 & 0 & 0.538 & 0.462 \\ 0.522 & 0.478 & 0 & 0 & 0 \end{bmatrix}$$

$$= [0.171, 0.157, 0, 0.337, 0.335]$$

用水压力层隶属度向量结果显示,2014 年安全状况隶属于安全及以上等级的为 32.8%,隶属于基本安全等级的为 0%。另外 33.7% 隶属于不安全等级,33.5% 隶属于极不安全等级,整体来看,高达 67.2% 隶属于不安全及以下等级,因此可判断,用水压力层总体不安全。

(4) 污染负荷指数 C_4

$$C_4 = W_{C_4} o R_4 = (0.254, 0.226, 0.319, 0.201) o \begin{bmatrix} 0 & 0.333 & 0.667 & 0 & 0 \\ 0.167 & 0.833 & 0 & 0 & 0 \\ 0 & 0.827 & 0.173 & 0 & 0 \\ 1 & 0 & 0 & 0 & 0 \end{bmatrix}$$

$$= [0.239, 0.537, 0.224, 0, 0]$$

污染负荷层隶属度向量结果显示,2014 年 100% 隶属于基本安全及以上等级,其中,隶属于安全以上等级的为 77.6%,隶属于基本安全等级的为 22.4%。因此可判断,污染负荷层安全。

(5) 水资源条件指数 C_5

$$C_5 = W_{C_5} \circ R_5 = (0.323, 0.229, 0.309, 0.139) \circ \begin{bmatrix} 0 & 0 & 0 & 0.749 & 0.251 \\ 0 & 0.986 & 0.014 & 0 & 0 \\ 0 & 0.487 & 0.513 & 0 & 0 \\ 1 & 0 & 0 & 0 & 0 \end{bmatrix}$$

$$= [0.139, 0.376, 0.162, 0.242, 0.081]$$

水资源条件层隶属度向量结果显示,2014年安全状况隶属于安全及以上等级的为51.5%,隶属于基本安全等级的为16.2%,隶属于不安全及以下等级的为32.3%。其中,13.9%为极安全等级,37.6%为安全等级,16.2%为基本安全等级,24.2%为不安全等级,8.1%为极不安全等级。由此可知,水资源条件层基本安全。

(6) 水环境质量指数 C_6

$$C_6 = W_{C_6} \circ R_6 = (0.249, 0.247, 0.271, 0.232) \circ \begin{bmatrix} 0 & 0.410 & 0.590 & 0 & 0 \\ 0 & 0.810 & 0.190 & 0 & 0 \\ 0 & 0 & 0 & 0.918 & 0.083 \\ 1 & 0 & 0 & 0 & 0 \end{bmatrix}$$

$$= [0.232, 0.302, 0.194, 0.249, 0.022]$$

水环境质量层隶属度向量结果显示,2014年安全状况隶属于安全及以上等级的为53.4%,隶属于基本安全等级的为19.4%,隶属于不安全及以下等级的为27.1%。其中,23.2%为极安全等级,30.2%为安全等级,19.4%为基本安全等级,而隶属于不安全和极不安全等级的分别为24.9%和2.2%。因此可判断,水环境质量层基本安全。

(7) 节水指数 C_7

$$C_7 = W_{C_7} \circ R_7 = (0.297, 0.367, 0.336) \circ \begin{bmatrix} 0 & 0.242 & 0.758 & 0 & 0 \\ 0.047 & 0.953 & 0 & 0 & 0 \\ 0 & 0 & 0.932 & 0.068 & 0 \end{bmatrix}$$

$$= [0.017, 0.421, 0.538, 0.023, 0]$$

节水层隶属度向量结果显示,2014年安全状况隶属于安全及以上等级的为43.8%,隶属于基本安全等级的为53.8%,隶属于不安全等级的为2.3%。其中,1.7%为极安全等级,42.1%为安全等级,53.8%为基本安全等级,2.3%为不安全等级,总体来看,节水层安全。

(8) 排污控制指数 C_8

$$C_8 = W_{C_8} \circ R_8 = (0.269, 0.256, 0.300, 0.175) \circ \begin{bmatrix} 0.373 & 0.627 & 0 & 0 & 0 \\ 0.770 & 0.230 & 0 & 0 & 0 \\ 1 & 0 & 0 & 0 & 0 \\ 0.420 & 0.580 & 0 & 0 & 0 \end{bmatrix}$$

$$= [0.671, 0.329, 0, 0, 0]$$

排污控制层隶属度向量结果显示,2014年安全状况隶属于安全及以上等级的为100%,其中,67.1%为极安全等级,32.9%为安全等级。总体来看,排污控制层为安全状态。

(9) 水土保持指数 C_9

$$C_9 = W_{C_9} \circ R_9 = (0.412, 0.268, 0.320) \circ \begin{bmatrix} 0 & 0.140 & 0.860 & 0 & 0 \\ 0.990 & 0.010 & 0 & 0 & 0 \\ 0 & 0 & 0.600 & 0.400 & 0 \end{bmatrix}$$

$$= [0.265, 0.061, 0.546, 0.128, 0]$$

水土保持指数隶属度向量结果显示,2014年安全状况隶属于安全及以上等级的为32.6%,隶属于基本安全等级的为54.6%,隶属于不安全及以下等级的为12.8%。由此可判断,水土保持层基本安全。

(10) 政府管理指数 C_{10}

$$C_{10} = W_{C_{10}} \circ R_{10} = (0.321, 0.313, 0.366) \circ \begin{bmatrix} 0 & 0 & 0.503 & 0.497 & 0 \\ 0 & 0.693 & 0.308 & 0 & 0 \\ 0.600 & 0.400 & 0 & 0 & 0 \end{bmatrix}$$

$$= [0.220, 0.363, 0.258, 0.159, 0]$$

政府管理指数隶属度向量结果显示,2014年安全状况隶属于安全及以上等级的为 58.3%,隶属于基本安全等级的为 25.8%,隶属于不安全等级的为 15.9%。由此可判断,政府管理层基本安全。

2. 准则层 B

根据指数层 C 相对于准则层 B 的权重以及指数层综合评价的结果,经模糊综合运算得出准则层综合评价结果,运算过程及结果如下。

(1) 压力层 B_1

$$B_1 = W_{B_1} \circ R_1$$

$$= (0.179, 0.305, 0.199, 0.317) \circ \begin{bmatrix} 0 & 0 & 0 & 0.597 & 0.403 \\ 0.033 & 0.656 & 0.055 & 0 & 0.256 \\ 0.171 & 0.157 & 0 & 0.337 & 0.335 \\ 0.239 & 0.537 & 0.225 & 0 & 0 \end{bmatrix}$$

$$= [0.120, 0.402, 0.088, 0.174, 0.217]$$

压力层隶属度向量结果显示,2014 年南京市水环境安全评价中压力层隶属于安全及以上等级的为 52.2%,隶属于基本安全等级的为 8.8%,隶属于不安全及以下等级的为 39.1%。其中,12% 为极安全等级,40.2% 为安全等级,8.8% 为基本安全等级,17.4% 为不安全等级,21.7% 为极不安全等级。因此,压力层总体处于基本安全状态。

(2) 状态层 B_2

$$B_2 = W_{B_2} \circ R_2 = (0.532, 0.468) \circ \begin{bmatrix} 0.139 & 0.376 & 0.162 & 0.242 & 0.081 \\ 0.232 & 0.302 & 0.194 & 0.249 & 0.022 \end{bmatrix}$$

$$= [0.183, 0.342, 0.177, 0.245, 0.054]$$

状态层隶属度向量结果显示,2014 年南京市水环境安全评价中状态层隶属于安全及以上等级的为 52.5%,隶属于基本安全等级的为 17.7%,隶属于不安全及以下等级的为 29.9%。其中,18.3% 为极安全等级,34.2% 为安全等级,17.7% 为基本安全等级,24.5% 为不安全等级,5.4% 为极不安全等级。因此,状态层总体处于基本安全状态。

(3) 响应层 B_3

$$B_3 = W_{B_3} \circ R_3 = (0.199, 0.361, 0.227, 0.213) \circ \begin{bmatrix} 0.017 & 0.422 & 0.538 & 0.023 & 0 \\ 0.671 & 0.329 & 0 & 0 & 0 \\ 0.265 & 0.060 & 0.546 & 0.128 & 0 \\ 0.220 & 0.363 & 0.258 & 0.160 & 0 \end{bmatrix}$$

$$= [0.353, 0.294, 0.286, 0.068, 0]$$

响应层隶属度向量结果显示,2014年南京市水环境安全评价中响应层隶属于安全及以上等级的为64.7%,隶属于基本安全等级的为28.6%,隶属于不安全等级的为6.8%。其中,35.3%为极安全等级,29.4%为安全等级,28.6%为基本安全等级,6.8%为不安全等级。因此,响应层总体处于相对安全状态。

3. 目标层 A

根据准则层 B 相对于目标层 A 的权重以及准则层综合评价的结果,经模糊运算可得出目标层隶属度向量,如下:

$$A = W_B \circ R = (0.412, 0.203, 0.385) \circ \begin{bmatrix} 0.120 & 0.402 & 0.880 & 0.174 & 0.217 \\ 0.183 & 0.342 & 0.177 & 0.245 & 0.054 \\ 0.352 & 0.294 & 0.286 & 0.068 & 0 \end{bmatrix}$$

$$= [0.222, 0.348, 0.182, 0.147, 0.100]$$

结果显示,2014年南京市水环境安全综合指数隶属于安全及以上等级的为57%,隶属于基本安全等级的为18.2%,隶属于不安全等级的为14.7%。其中,22.2%为极安全等级,34.8%为安全等级,18.2%为基本安全等级,14.7%为不安全等级,10%为极不安全等级。综合来看,2014南京市水环境相对安全。

4.4.4　2005—2014年水环境安全综合评价

1. 指标层 D 安全度计算

采用加权平均原则对最大隶属度方法进行改进,构建模糊综合评价模型,分别计算2005—2014年南京市水环境的各类指标的安全度,结合安全状态分级标准,计算各指标的安全度值,并对2005—2014年不同安全度进行统计分析,计算处于不安全等级(安全度不低于3.5)的年份所占的百分比,如表4-25所示。结果表明,2005—2014年35个指标中D_{11}、D_{12}、D_{13}、D_{21}、D_{24}、D_{31}、D_{51}、D_{61}、D_{62}、D_{63}、D_{71}、D_{93}、D_{101} 13个指标的不安全年份比例高,不低于50%,其余指数的安全年份比例相对较高。

表4-25 2005—2014年各指标的安全度

指标层	2005年	2006年	2007年	2008年	2009年	2010年	2011年	2012年	2013年	2014年	不安全年份百分比(%)
D_{11}	3.115	3.421	3.708	3.875	3.947	4.000	4.006	4.014	4.020	4.028	80
D_{12}	4.004	4.586	4.730	4.247	4.303	4.308	4.232	4.129	4.131	4.147	100
D_{13}	3.079	3.018	3.618	3.210	3.018	2.460	4.021	3.996	4.447	5.000	50
D_{21}	3.003	3.045	3.547	3.936	4.000	4.527	5.000	5.000	5.000	5.000	80
D_{22}	2.781	2.691	2.653	2.456	2.371	2.321	2.273	2.195	2.113	2.043	0
D_{23}	2.703	2.287	2.553	2.785	2.652	2.531	2.599	2.480	2.225	1.977	0
D_{24}	5.000	5.000	5.000	4.900	4.599	3.800	3.000	2.500	3.970	2.003	80
D_{31}	5.000	2.798	2.461	3.005	3.332	5.000	4.943	4.177	4.004	4.564	60
D_{32}	3.039	2.922	3.314	3.074	3.237	3.273	3.890	4.006	4.267	4.425	40
D_{33}	4.318	4.063	3.714	2.245	1.999	1.951	1.908	1.708	1.542	1.456	30
D_{41}	2.006	2.011	2.015	2.023	2.001	2.000	2.374	2.696	2.337	2.800	0
D_{42}	2.058	2.150	2.001	2.000	2.007	2.035	1.994	1.962	2.000	1.962	0
D_{43}	3.623	3.326	3.419	2.729	2.592	2.441	2.177	2.112	2.098	2.042	10
D_{44}	1.000	1.000	1.000	1.000	1.000	1.000	1.000	1.000	1.000	1.000	0
D_{51}	4.074	4.132	4.372	4.466	4.006	4.006	4.016	4.208	4.345	4.101	100
D_{52}	1.998	4.000	3.104	2.805	3.020	1.000	4.002	1.000	3.009	2.000	20
D_{53}	2.952	2.896	2.996	3.006	2.411	2.621	2.957	2.973	3.013	2.525	0
D_{54}	1.148	1.000	1.000	1.000	1.000	1.000	1.000	1.000	1.000	1.000	0
D_{61}	3.059	4.000	3.500	4.061	3.982	3.110	4.001	3.618	3.000	2.674	60
D_{62}	3.195	4.069	4.084	4.572	4.040	3.344	4.014	3.760	2.900	2.052	60
D_{63}	4.024	3.456	3.000	4.100	4.017	4.038	4.200	4.662	4.799	4.008	80
D_{64}	1.000	1.000	1.000	1.000	1.000	1.000	1.000	1.000	1.000	1.000	0
D_{71}	5.000	4.814	4.389	4.602	3.882	4.009	5.000	4.066	4.004	2.908	90
D_{72}	2.917	1.990	1.143	1.184	1.127	1.052	3.550	2.540	2.999	1.998	10

续表

指标层	2005年	2006年	2007年	2008年	2009年	2010年	2011年	2012年	2013年	2014年	不安全年份百分比(%)
D_{73}	4.036	4.005	3.382	2.382	1.579	1.000	2.873	4.003	4.166	3.005	40
D_{81}	1.000	4.028	4.003	3.995	3.996	3.402	2.082	2.018	1.956	1.738	40
D_{82}	4.004	2.962	4.002	3.049	3.007	2.999	2.570	2.570	1.421	1.082	20
D_{83}	2.908	2.240	2.136	1.947	1.500	1.087	2.000	1.000	1.000	1.000	0
D_{84}	2.516	1.008	1.000	1.000	4.005	4.000	2.819	1.992	1.962	1.656	20
D_{91}	2.004	1.520	1.008	1.000	2.985	2.727	2.656	3.000	2.996	2.974	0
D_{92}	2.540	1.988	2.000	1.988	1.845	1.783	1.411	1.560	1.078	1.000	0
D_{93}	3.995	3.977	3.941	3.883	3.800	3.692	3.692	3.532	3.369	3.308	80
D_{101}	4.785	4.019	4.001	3.994	3.857	4.446	3.580	1.000	3.000	3.494	70
D_{102}	3.229	3.651	3.012	3.008	3.000	3.000	2.993	2.857	2.321	2.165	10
D_{103}	4.000	4.000	3.692	2.692	2.941	2.692	2.059	2.059	1.059	1.308	30

2. 指数层 C 安全度计算

在具体指标安全度计算基础上,计算 2005—2014 年南京市水环境的各类指数的安全度值,并分析研究时段内不同安全度出现的概率,计算处于不安全的年份占评价总年份的百分比,如表 4-26 所示。结果显示,历史年份 10 个指数层中,人口压力指数 C_1 不安全年份出现的比例高达 80%,说明,南京市人口压力大,超出环境安全所能承受的人口压力阈值,对水环境安全构成巨大的威胁。用水压力指数 C_3 不安全年份比例达到 60%,除了自然降水无法控制外,控制人口规模,增加人均水资源量,是缓解用水压力的根本途径。此外,水环境质量指数 C_6 和节水指数 C_7 不安全状态的年份比例均为 40%,接近 50%,也需要重点关注。由于削减污染负荷有助于提高水环境质量,而人口和经济发展是影响水环境安全最根本的因素,因此未来有效控制人口,放缓经济发展速度,有助于切实减小污染负荷压力,同时注重农业和城市生活及工业节水建设,加强与完善水质保护和水量节约两个方面的工作,是南京市未来城市水环境安全的重点所在。

表 4-26 2005—2014 年指数层安全度

指数层	2005年	2006年	2007年	2008年	2009年	2010年	2011年	2012年	2013年	2014年	不安全年份百分比(%)
C_1	3.369	3.441	3.832	3.819	3.792	3.909	4.034	4.020	4.104	4.314	80
C_2	3.247	3.217	3.356	3.439	3.396	3.544	3.513	3.379	2.760	2.397	20
C_3	4.457	3.120	3.095	2.935	2.904	3.738	3.726	3.694	3.684	3.912	60
C_4	2.228	2.250	2.148	2.035	1.999	1.987	1.994	1.997	1.987	1.984	0
C_5	2.795	3.615	3.189	3.145	3.153	2.277	3.634	2.233	3.167	2.569	20
C_6	3.090	3.558	2.992	3.743	3.686	3.163	3.697	3.386	2.863	2.444	40
C_7	4.102	3.466	2.937	2.342	1.756	1.474	3.665	3.758	3.724	2.621	40
C_8	2.566	2.766	3.433	2.694	3.412	2.917	2.178	1.821	1.470	1.194	0
C_9	2.546	2.309	1.973	1.760	2.934	2.701	2.668	2.928	2.811	2.671	0
C_{10}	4.008	3.977	3.635	3.205	3.090	3.149	2.819	1.953	2.315	2.254	30

3. 水环境安全度变化(指数层)

通过对以上 10 个指数展开时间序列分析,针对各指数层及对应指标时间演变趋势进行统计分析,结果如下。

(1) 人口压力指数分析

分析人口压力指数及对应的常住人口、人口密度、人口自然增长率两项指标的安全度年际变化趋势,如图 4-2 所示。整体来看,2005—2014 年以后,人口压力指数呈缓慢上升的趋势。2007 年以来,安全度值均高于 3.5,2014 年达到最大(4.314),不安全等级在急剧上升。在人口压力指数中,人口密度指标不安全等级最高,平均安全度值在 4 附近,2008 年以后人口密度虽有略微下降趋势,但仍属不安全等级。研究时段内,人口自然增长率指标变化幅度大,安全度指标上升趋势明显,2011 年以后,安全度值均在 4 以上,呈显著不安全状态,且有加剧趋势。由于常住人口权重值大,评价结果显示,其安全度变化曲线与人口压力指数安全度变化曲线相对一致,即常住人口亦为不安全等级状态,且安全度值在缓慢增大。综上可知,2005—2014 年南京市人口逐年增加,人口自然增长率上升显著,导致城市人口密度增大,这是水环境安全潜在的压力,也是最根本的压力来源之一。

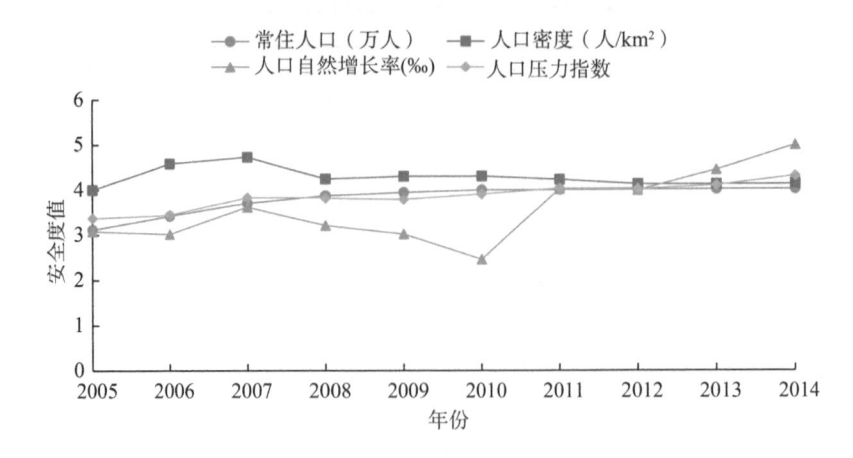

图 4-2　人口压力指数及相应指标安全度

(2) 经济压力指数分析

如图 4-3 所示,经济压力指数安全度变化趋势缓慢,2012 年以后呈下降趋势,安全度大部分介于 2~3.5 之间,表明经济处于良好的态势,对水环境的压力相对较小,总体安全。在经济压力指数中,人均 GDP 安全度上升趋势显著,2007 年以后均属于不安全状态,其中,2011—2014 年安全度值在 4.5 以上,表明人均 GDP 已达到极不安全的状态。人均 GDP 持续增高,表明南京市经济水平显著提高,意味着用于经济发展的水资源量增多,可能带来的工业污染增多,间接造成水环境安全压力加大。第三产业比重指标安全度值呈现下降趋势,安全度值介于 2~3 之间,由基本安全状态向安全状态转变,说明南京市从 2005 年至 2014 年,第三产业的比重逐渐上升,由于多为需水较少的服务业,且无工业污染排放。第三产比重的升高,代表可以节约用水量,减少水体污染负荷,直接促进了南京市水环境的安全发展。恩格尔系数反映了区域或者城市的经济水平,图 4-3 显示,南京市恩格尔系数安全度近 10 年内变化缓慢,呈略微下降的趋势。由于整体安全度值偏低(<3),说明南京市经济偏富裕,经济快速发展背景下,高经济水平意味着存在潜在的高水资源利用量和污染物排放的风险,可能会给南京市水环境安全造成压力。经济增长率安全度总体呈下降趋势,2012 年之前,经济增长率安全度值偏高,为不安全等级,因此结合人均 GDP 和恩格尔系数,尽管当前经济增长速度在放缓,但南京市整体经济发展水平高,考

虑到经济发展是城市水环境安全的根本压力来源,未来合理规划经济和社会的协调发展,有助于减轻南京市水环境安全压力。

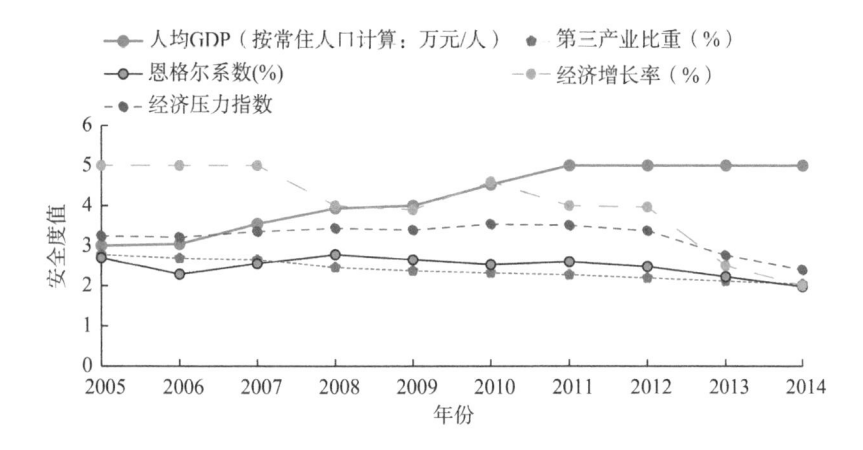

图 4-3　经济压力指数及相应指标安全度

（3）用水压力指数分析

如图 4-4 所示,用水压力指数安全度值呈现下降后缓慢上升趋势,总体为上升趋势。2005 年安全度值接近 4.5,属于极不安全预警状态,2006 年降至基本安全范围内,2006—2009 年安全度值变化不大,维持在 3 附近,属基本安全等级,但 2010 年以后,用水压力安全度显著上升,又回归至不安全水平(安全度值均在 3.5 以上)。具体来看,人均日生活用水量安全度变化大,2005 年为极不安全状态,2006—2009 年降至基本安全水平,2010—2014 年升至极不安全水平,截至 2014 年人均日生活用水量仍处于不安全状态。单位 GDP 用水量安全度下降趋势明显,由 2005—2007 年的不安全状态转为 2008 年以后的安全状态,说明南京市单位 GDP 用水量逐渐减少,且远低于全国平均水平。南京市低水经济发展对于减轻水环境安全压力至关重要,未来需要大力推进和发展。用水压力指数及相应指标安全度如图 4-4 所示。

（4）污染负荷指数分析

如图 4-5 所示,污染负荷指数安全度偏低(介于 2 和 2.5 之间),且无明显变化趋势,说明研究时段内,南京市污染减排工作较好,水体污染负荷得到了有效缓解,并维持在相对安全水平。在污染负荷指数中,工业氨氮排放负荷的安

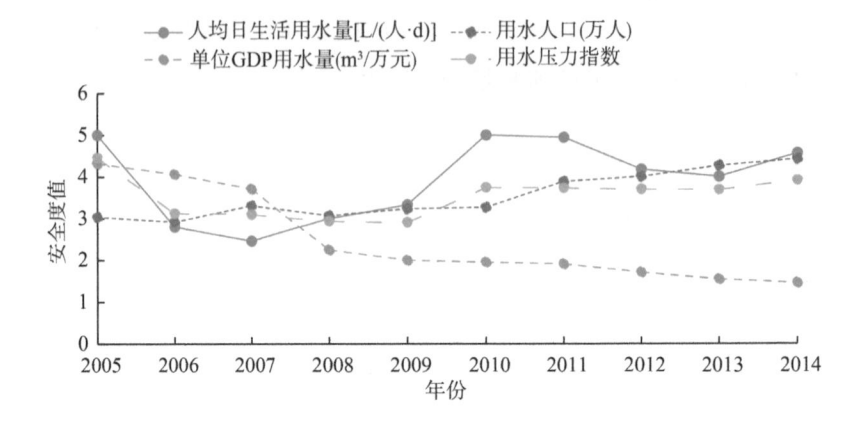

图 4-4 用水压力指数及相应指标安全度

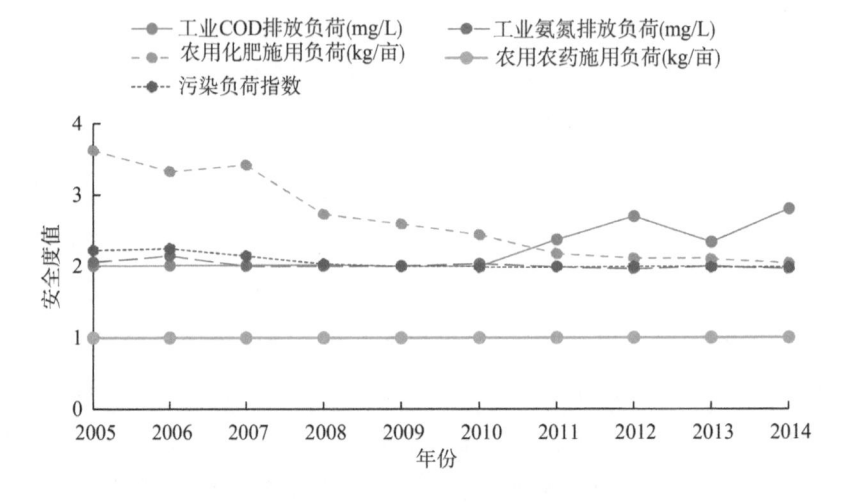

图 4-5 污染负荷指数及相应指标安全度

全度变化曲线与污染负荷指数的安全度变化曲线一致,无明显变化,且处于安全等级范围内。不同于氨氮,工业 COD 排放负荷指标的安全度近年来上升趋势明显,说明近年来工业 COD 排放负荷显著增加,存在由安全状态向不安全状态转变的风险,结合国家"十四五"环保规划要求,加强工业污染综合防治,减少工业废水及相关污染物排放,继续推进工业减排工作,着重观察工业 COD 排放负荷变化,强化相关减排工作,对于保障南京市水环境安全具有十分重要的意义。分析结果显示,农用农药施用负荷安全度值低,长期处于极安全状态,说明农用农药施用量低,产生的负荷在理想范围内,但农用化肥施用负荷安全度值相对较高,2005—2007年安全度值接近3.5,处于不安全预警水平,2008年以后呈明显下降趋势,并降至安全等级,说明2008年以后南京市以农用化肥为主的农业面源污染得到了控制,考虑到农业面源污染与农用化肥和农药的施用方法密切相关,应注重推广正确的农业施肥方法,避免因施用不当造成的严重农业面源污染事故。

（5）水资源条件指数分析

如图4-6所示,受自然因素影响,水资源条件指数安全度曲折变化,趋势不明显,除2006年、2011年达到不安全预警等级外,其余年份基本安全。对应指标分析结果显示,人均水资源量指标一直都处于不安全的状态(安全度值维持在4附近),说明南京市人均水资源量相对不足,这也是我国水资源的一大特点,即水资源总量丰富,但人均占有量少。过境水资源量安全度变化幅度大,以安全状态居多,说明南京市过境水资源量丰富,结合人均水资源状况,要求南京市需充分利用好过境水资源,以减轻水资源压力。降水量安全度变化幅度不大,维持在3附近,处于基本安全状态。此外,城市用水普及率的安全度值较好(安全度约为1),一直都处在极安全的状态,说明南京市的用水普及率较高,缺水人口很少,城市居民用水得到很好的保障。

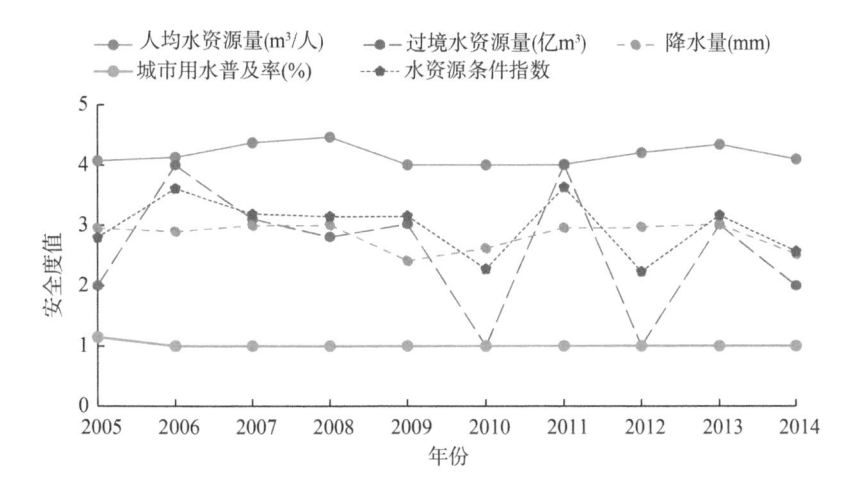

图4-6 水资源条件指数及相应指标安全度

（6）水环境质量指数分析

如图 4-7 所示，研究时段内水环境质量存在不安全状态向基本安全状态转变的趋势，2005—2011 年南京市水环境质量指数安全度值在 3～4，多个年份处于不安全状态，2012 年以后安全度值降低趋势明显，表明研究时间段内南京市水环境质量总体不高，虽然近年来的治理取得了一些进展，但整体情况不容乐观。在水环境质量指数中，Ⅲ类水以上河湖断面比例与水环境质量指数安全度变化趋势一致，但总体安全度略高，说明 2012 年以后，南京市Ⅲ类水以上河湖断面比例上升，但整体安全性欠佳，需要继续加强河湖污染治理和保护投入。水功能区水质达标率指标安全状态呈波动下降趋势，2006—2009 年处于不安全状态，2010 年以来安全度虽有波动，但总体呈下降趋势，2013—2014 年达到安全水平。地下水水质达标率指标安全度变化趋势相对平稳，但以不安全状态为主，且 2010—2013 年呈缓慢上升趋势，2014 年又有所下降，说明南京市在对地表水及地下水的使用中，仍存在不合理开发利用的问题，相关保护措施也有待完善。水功能区及地下水环境质量总体不安全，当务之急是进行水污染源头治理，有效改善南京市地表水及地下水水质状况，确保区域水环境安全。集中式饮用水水源地水质达标率的安全度值普遍较低（安全度基本为 1），说明南京市饮用水安全性高，由于水源地水质安全是城市水环境安全的最重要的内容之一，因此，未来仍需加强和完善相关工作，确保南京市饮用水水源地水质安全。

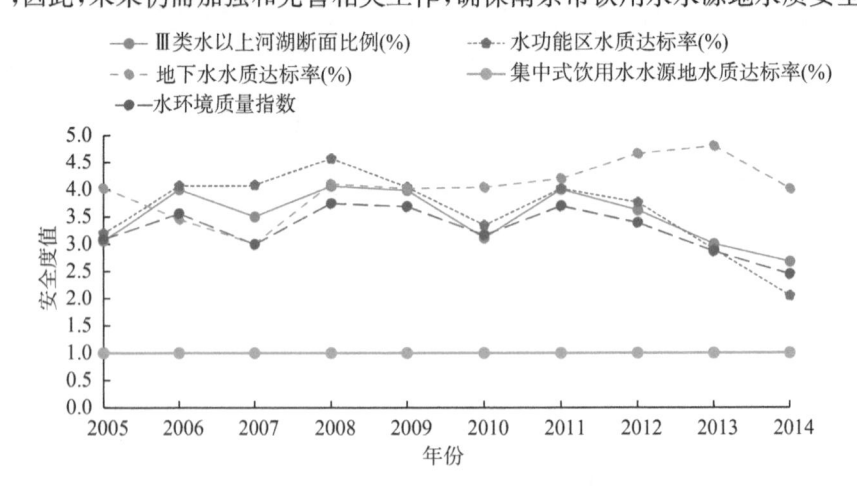

图 4-7　水环境质量指数及相应指标安全度

(7) 节水指数分析

图 4-8 表明南京市 2005—2014 年节水指数安全度值存在明显的转折年，即 2010 年。2005—2010 年节水指数逐年降低，安全度值由 2005 年的 4 降至 2010 年 1.5 附近，由不安全状态向安全状态转变，但 2011 年安全度值又突变到 3.8 左右，并维持该安全度值至 2013 年。总体来看，南京市 2005—2010 年节水指数显著下降，表明节水建设工作效率较高，但 2011 年以后节水建设可能存在转折点，分析结果显示，2011 年以后节水指数安全度低，各项节水建设工作亟待审查，并加强完善。在节水指数中，农田实灌亩均用水量指标安全度值虽呈波动下降趋势，但整体处于不安全状态，说明南京市的农业用水量较大，有关部门应加大节水灌溉型农业的发展，有效减轻水环境安全的压力。工业用水重复利用率指标安全度在研究时段内存在较大幅度的波动，2005—2007 年显著下降至最低水平（约为 1），处于极安全状态，2008—2010 年维持这一状态，2011 年工业用水重复利用率安全度值出现反弹，但基本维持在安全范围内。考虑到以上变化特征，未来应积极强化工业企业的节水意识，有效提高工业用水重复利用率，谨防工业用水重复利用率向不安全状态转变。节约用水量也呈现先下降后上升的趋势，不同的是节约用水量安全度值总体较高，且近几年表现为不安全状态，相关节水工作还有待加强，以便提高城市节约用水量，减小对水环境造成的取水压力。

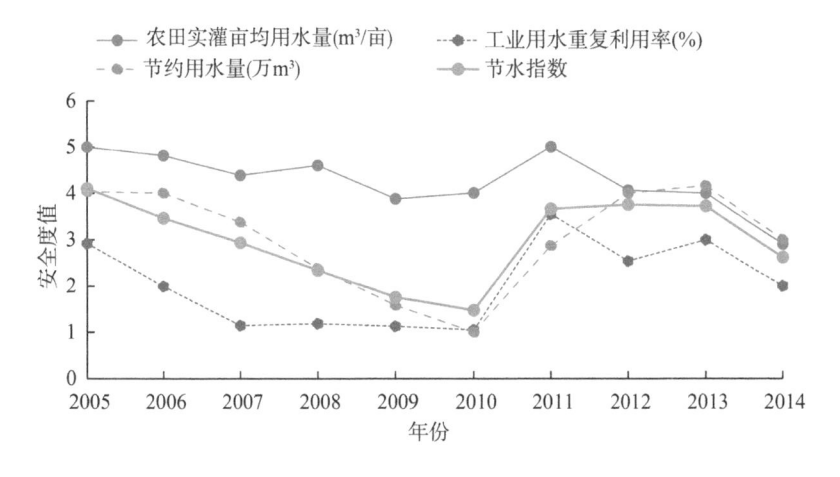

图 4-8 节水指数及相应指标安全度

(8) 排污控制指数分析

图 4-9 显示,排污控制指数安全度值呈波动下降趋势,2009 年达到峰值 3.412,自此以后呈线性下降,2014 年达到最低值 1,说明 2010—2014 年以来南京市排污控制工作效果显著,已控制在安全水平。就各指标来看,污水年处理量安全度值在 2005 年以后呈跳跃式增加(安全度值为 4),2006—2010 年持续稳定在不安全状态,2010 年以后安全度值显著下降,2011—2014 年安全度值低于 2.5,处于安全等级。城市污水日处理能力安全度值总体呈下降趋势,2008 年以前整体偏不安全,2009—2012 年维持在基本安全等级,2012 年以后安全度值显著下降,达到极安全等级,说明污水日处理能力在逐年增加,有效减缓了水环境安全的压力。城市生活污水集中处理率也呈波动下降趋势,由于安全度总体不高,2011 年以前属于基本安全水平,2011 年以后则属于极安全水平,表明近年来南京市城市生活污水集中处理率得到显著提升,能够满足水环境安全保护的需要。不同于以上指标,生活垃圾粪便无害化处理率的安全度值变化幅度较大,2005—2008 年安全度值相对较小,为安全等级,但 2009 年开始增大到 4,并持续到 2010 年,2010 年以后逐年下降至 1.5 附近,达到极安全等级。尽管生活垃圾粪便无害化处理能力有所提升,但仍需预防向不安全状态转变的风险,确保生活垃圾无害化处理率得到稳定提升。

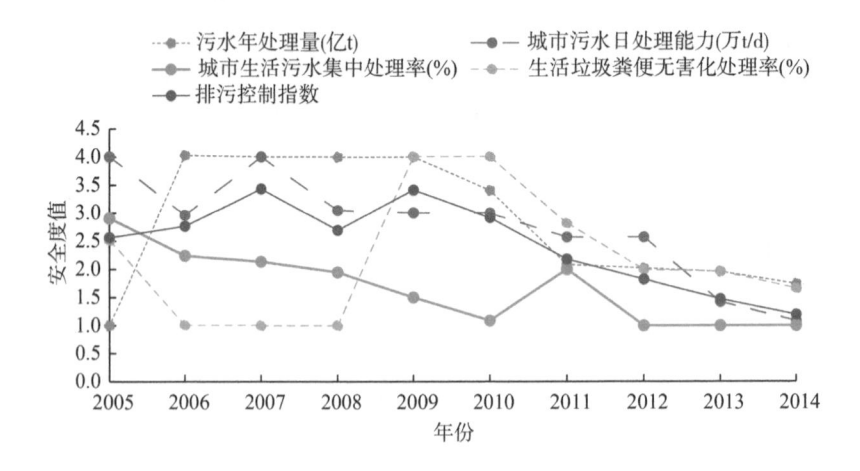

图 4-9 排污控制指数及相应指标安全度

(9) 水土保持指数分析

图 4-10 显示,水土保持指数安全度值呈总体上升趋势,2005—2008 年虽略有下降,但 2009 年迅速升至 3 附近,并维持这一状态。这表明,2005—2008 年水土保持工作初见成效,水土保持指数安全度值降至 2 附近,处于安全状态,但 2009 年以后水土保持指数转向基本安全水平,说明南京市水土保持相关工作需要进一步强化和完善。具体来看,建成区绿化覆盖率安全度变化曲线与水土保持指数安全度变化曲线相对一致,说明建成区绿化覆盖率对水土保持安全性影响大,扩大建成区绿化覆盖率可以有效促进水土保持工作,进而对水环境安全起到保障作用。人均公园绿地面积呈显著下降趋势,且安全度值偏低,均低于 2.5,属于安全状态。研究时段内,森林覆盖率也呈缓慢下降趋势,但总体安全度值偏高,介于 3.5 和 4 之间,表明南京市森林覆盖率不足,低于国际平均水平,继续植树造林、退耕还林,增加森林覆盖面积,扩大南京市水土保持绿地屏障,仍是未来南京市水环境安全保障的重要工作。

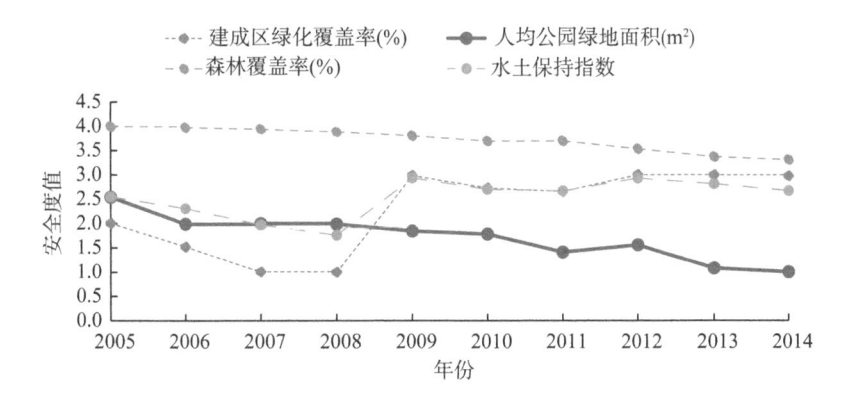

图 4-10 水土保持指数及相应指标安全度

(10) 政府管理指数分析

图 4-11 显示,南京市政府管理指数安全度值呈下降趋势,2005—2007 年为不安全状态,2008 年以后降至基本安全水平,说明政府管理工作逐年好转,对水环境安全具有正向促进作用。在政府管理指数中,工业污染治理项目完成投资额安全度值总体偏高,仅 2012 年降至极安全水平,其余年份均处于不安全范围,说明工业污染治理项目投资额还存在不足,需要加大相关预

算投入。从市政工程设施来看,建成区排水管道密度及污水处理厂的安全度值均呈下降趋势,不同的是,污水处理厂安全度值下降明显,且截至2014年已降至安全水平,而建成区排水管道密度安全度值下降趋势不明显,安全度值常年在3附近,处于基本安全等级,相对污水处理厂,南京市应加大建成区排水管道密度,防止其向不安全方向转变。综上所述,未来南京市在加大工业污染治理项目投资力度的同时,需强化排水管道建设工作,从市政管理上确保南京市水环境安全。

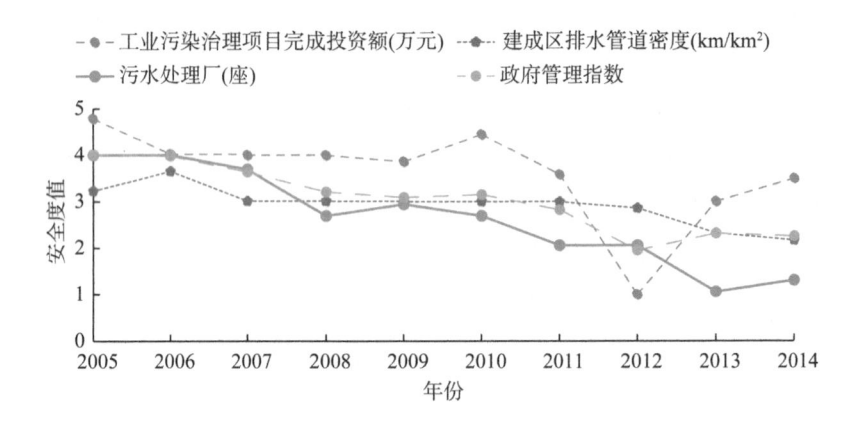

图4-11 政府管理指数及相应指标安全度

4. 水环境安全度变化(准则层)

计算2005—2014年南京市水环境的各类指标的安全度值,并分析研究时段内不同安全度出现的概率,计算处于不安全等级以上的年份所占的百分比,如表4-27所示。结果显示,状态层B_2评价结果偏高(平均值约3.48),平均值接近不安全等级阈值,且研究时段内不安全年份多,不安全年份比例达40%,而压力层B_1、响应层B_3相对安全,平均安全度值均低于3,不安全年份比例低,其中研究时段内压力层各年均表现为安全状态。2006年响应层为不安全状态,其余年份均安全。综上所述,状态层不安全比例高,说明南京市水环境状态还存在一定问题,未来应加强水环境治理和保护,有效提升水环境状态安全等级是首要工作。

表 4-27 评价年份准则层安全度

准则层	2005年	2006年	2007年	2008年	2009年	2010年	2011年	2012年	2013年	2014年	均值	不安全年份百分比(%)
B_1	3.218	2.974	2.887	2.933	2.896	2.871	3.112	3.135	2.788	2.749	2.956	0
B_2	3.063	3.615	3.097	3.524	3.521	2.749	3.706	2.779	3.034	2.518	3.161	40
B_3	3.363	3.558	3.260	2.595	3.031	2.732	2.575	2.317	2.143	1.888	2.746	10

(1) 压力层安全度分析

如图 4-12 所示，研究时段内，南京市水环境安全压力变化不大，无明显趋势特征，安全度值总体不高（3 附近），处于基本安全状态。在压力层中，人口压力指数的安全度值偏高，安全度均值在 3.5 以上，且有缓慢上升趋势，处于不安全等级，且不安全风险在加剧。由于人口压力短期内会一直存在，未来需要严加控制及合理化引导人口发展，谨防人口压力增大到极不安全状态。经济压力指数的安全度值近年来呈微弱下降趋势，维持在基本安全范围内。用水压力指数安全度值波动变化大，2009 年以后不安全度值持续维持在 3.5 附近，不安全风险等级高。随着经济发展及生产技术的提升，水资源利用效率还有待进一步提升，降低用水压力风险，推进城市生活、生产及农业节水建设工作。

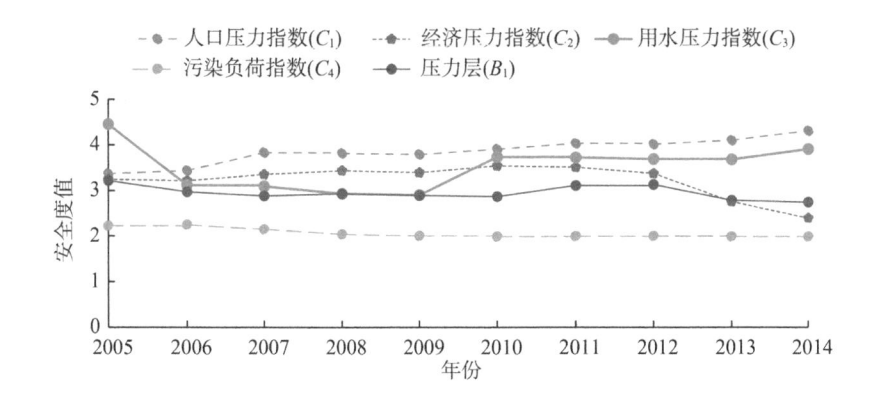

图 4-12 压力层及相应指数安全度

污染负荷指数安全度值相对较低，长期维持在 2~2.5，变化趋势缓慢，呈微弱下降趋势，表明南京市污染负荷压力相对较小。这主要得益于政府对节能减排工作的大力推广,如若放松控制力度,仍有进入不安全状态的可能性,因此,未来南京市应继续重视污染物的排放控制,使污染负荷指数对水环境安全的影响逐年减小,最终控制在合理的范围内,确保区域水环境质量安全。

(2) 状态层安全度分析

如图 4-13 所示,状态层的安全度值变化幅度大,介于 3~3.5,处于基本安全等级范围内,水环境状态需要持续关注。具体来看,水资源条件指数安全度变化趋势与状态层总体趋势一致,说明南京市水资源条件指数并不稳定,属于基本安全;水环境质量指数的安全度值相对较高,一直在 3 到 4 之间,处于基本安全与不安全两状态之间,说明南京市水环境质量欠佳,容易发生水环境污染,对城市水环境安全产生不利影响,未来需要加强相关污染治理及防范工作。

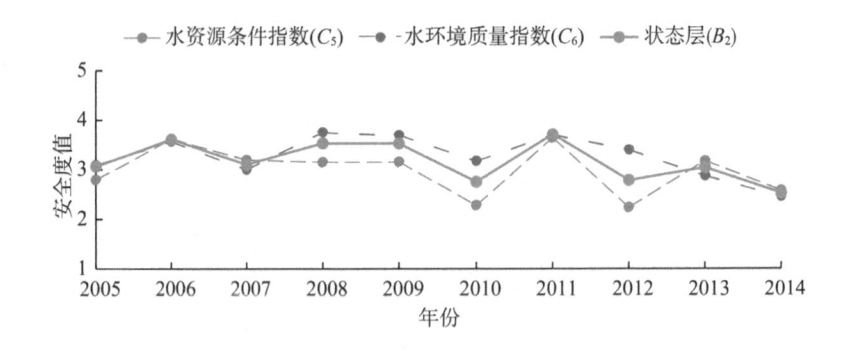

图 4-13　状态层及相应指数安全度

(3) 响应层安全度分析

如图 4-14 所示,响应层综合评价结果显示,研究时段内安全度值呈缓慢下降趋势,且最大安全度值不超过 3.5,2014 年安全度值已降至 2 附近,即从基本安全等级降为安全等级,这表明南京市近年来有关水环境安全的各项治理和保护措施取得了一定的成效,当前水环境响应层安全性不断得到提高。具体来看,政府管理指数和排污控制指数下降趋势明显,但节水指数和水土保持指数波动变化大,无下降趋势,尚存在向不安全等级转变的风险。其中,2005—2007 年政府管理指数不安全度值偏高,平均安全度值在 3.5 以上,属不安全等级;2008—2011 年安全度值介于 2.5~3.5,处于基本安全状态;2012—2014 年安全度值已降至 2~2.5,属安全水平。排污控制指数在 2005—2009 年处于基本安全状态,2009年以后快速下降至极安全水平。不同于政府管理指数、排污控制指数,节水指数在2005—2010年呈现显著下降趋势,由不安全等级降至极安全等级,但2011年以后又跃升至不安全等级,并维持这一状态至2013年,2014年才降至基本安全范围。这表明,南京市节水指数工作尚不稳定,存有安全隐患。根据评价结果,结合实际情况,确定影响节水指数的因子,降低并维持节水指数安全度值在有利于水环境安全的范围内,是未来南京市水环境安全响应工作的重点。水土保持指数虽整体安全度值偏低(低于3),但2009年以来安全度值明显升高至3附近,且无下降趋势,这一现象不容忽视,未来水土保持工作仍需高度重视。综上所述,南京市政府管理指数和排污控制指数安全性好,相关工作取得了良好的成效,但节水指数和水土保持指数安全性尚不理想,对应的指标工作仍有相对较高的提升空间。

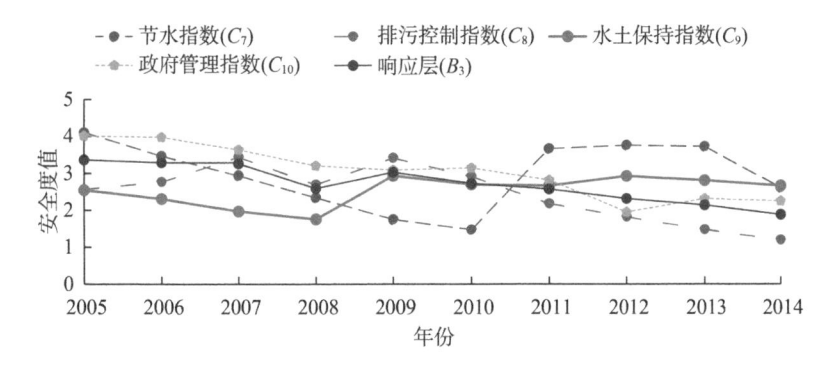

图4-14 响应层及相应指数安全度

5. 水环境安全度变化(目标层)

在前文分析的基础上,计算2005—2014年南京市水环境综合指标(目标层)的安全度,如表4-28所示,并分析研究时段内不安全年份出现的概率,结果表明,研究时段内无不安全年份出现,仅2006年安全度值为3.416,接近不安全阈值,整体来看,南京市水环境安全水平相对较好。

如图4-15所示,2005—2014年南京市水环境安全度呈微弱下降趋势,总体处于基本安全状态。尽管当前水环境安全综合指数已降至安全范围,但考虑到状态层和压力层安全度值下降趋势不明显,且多个年份处于不安全阈值附近,未来仍需加强与完善水环境安全的压力舒缓和状态治理工作,使得安全度值降低到极安全范围。

表 4-28　评价年份目标层安全度

目标层	2005年	2006年	2007年	2008年	2009年	2010年	2011年	2012年	2013年	2014年	不安全年份百分比(%)
A	3.227	3.416	3.041	2.961	3.120	2.846	3.021	2.753	2.620	2.245	0

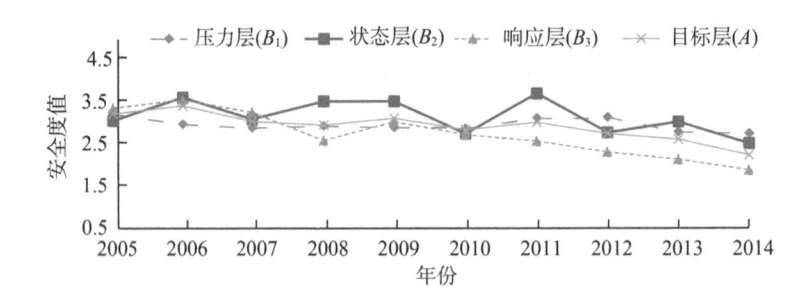

图 4-15　目标层及相应指数安全度

4.5　小结

依据水环境安全的基本理论,结合南京市水环境现状以及存在的问题,基于压力-状态-响应(P-S-R)框架模型,建立南京市水环境安全评价指标体系,运用模糊综合评价法对南京市水环境安全做出综合评价,主要包括:①搜集与整理基础资料,筛选影响水环境的相关指标;②根据水环境安全的相关理论,结合P-S-R评价框架构建南京市水环境评价体系,运用层次分析法与熵权法确定指标权重;③基于国内外的相关标准与城市发展水平的横向对比,参考众多学者、专家的研究成果,制定各评价指标的评价等级标准,划分水环境综合安全度值取值区间;④选取模糊综合评价法,依据所构建的水环境指标评价体系,对南京市水环境安全状况与演变趋势进行分析;⑤根据各层次指数的安全度值变化趋势,分析南京市水环境安全的驱动机制。

构建的南京市水环境安全评价指标体系共分4个层次,共包括1个目标项目,3个准则项目,10个指数,35个评价指标。目标层是水环境安全指数;准则层包括压力层、状态层以及响应层。其中压力层包括人口压力、经济压力、用水压力和污染负荷4个指数层项目,共分为常住人口等14个指标层指标;状态层包括水资源条件与水环境质量2个指数层项目,共分为人均水资源量等8个指标层指标;响应层包括节水、排污控制、水土保持与政府管理4个指数层项目,共分为农田实灌亩均用水量等13个指标层指标,已基本能够较全面评价南京市水环境安全状态。

2005—2014年南京市水环境综合指标(目标层)的安全度计算结果表明,目标层计算的水环境综合安全度反映水环境安全总体水平。结果显示,研究时段内无不安全年份出现,年际变化趋势反映水环境安全程度逐渐提高,整体来看,南京市水环境安全水平相对较好。

准则层与指数层的分析结果显示,2005—2014年压力层、状态层、响应层处于安全阈值(3.5以下)的年份占比分别为100%、60%、90%。其中压力层中人口压力与用水压力的安全状况较差,且呈现逐年上升趋势,说明南京市水环境安全的压力来源于城市人口规模的增长与不断扩大的城市用水需求;状态层安全状况较差,所属指数层中水环境质量的安全状况较差,说明南京市水源主要面临的问题是水环境污染;响应层中,政府管理指数不断下降,排污控制指数先增大后减小,说明政府部门在排污管控与污水处理方面的措施对水环境安全水平的提高有较大程度的影响,水土保持指数与节水指数近年来不断增加,说明政府部门需加强水土保持治理能力,城市居民需进一步提高节水意识。

第 5 章

典型城市突发水污染物迁移过程模拟

第 5 章

突发水污染事故是否会影响城市水安全,是当下社会与政府日益关注的城市水安全核心问题。在此背景下,采用数学模型模拟污染物扩散过程,探讨突发事故对城市水源地的影响,有效预防和应对突发水污染事故带来的负面影响,是实现水源保护的有效手段。通过对国内外水源地风险预警相关成果的研究分析发现,目前对突发水污染事故后的污染物迁移转化过程的研究,主要以水流、水质数学模型为基础,将突发水污染事故作为常规水质模拟的一种特殊工况进行处理。本章根据水力学和流体力学的基本原理以及污染物迁移转化规律,建立水动力-水质数学模型,在特定的水文条件与事故情景条件作用下,对水体中的水流运动和污染物变化进行分析,为研究突发水污染事故的环境影响仿真模拟提供基础。

5.1 感潮河段突发水污染模型理论基础

河流中的污染物既有沿河流方向的纵向离散,也有沿断面方向的横向扩散。流水动力主要受地形与径流的影响,在河道长度与河道宽度的比值较大、河流流向单一、横向混合较快的河段,污染物扩散以随水流推移为主,一般建立一维模型模拟水动力与水质。但长江属于分汊型河道,河段内洲滩交错,水流运动具有明显的主泓区,再加上长江江面宽度远大于深度,污染物在南北两岸的分布存在差异。且长江下游干流的感潮河段的范围从安徽大通至长江河口约 531 km,在感潮河段中河流主要受长江径流控制,同时会受到潮流影响,水流为往复流。因此,采用二维水动力-水质模型模拟长江下游感潮河段的突发水污染事故污染物输移过程。

MIKE 21 数值模拟是一个基于灵活网格的模拟系统,通过 ADIM(Alternating Direction Implicit Method)二阶精度的有限差分法对动态流的连续方程和动量守恒方程进行求解,模拟各种作用力下忽略分层的二维自由表面流水位及水流变化形势。其中,MIKE 21 的 FM 模块即有限体积非结构化网格模型,其优点是在数值计算中方便离散差分原动力学方程组,而且非结构化三角形网格在很好地拟合复杂岸线情况的同时又能保证质量守恒,增加模拟的精度。该模型非常适合需要利用非结构化网格灵活性的河道地区等载体,对水流和溶质运移现象进行模拟,是在世界范围内广泛应用的数值模型之一。因此,本书选择 MIKE 21 二维水动力(HD)和对流扩散(AD)模块模拟长江下游干流(大通至徐六泾)水动力与污染物迁移过程。

5.1.1 水动力模型基础

MIKE 21 二维水动力模型是建立在二维数值求解方法的浅水动力学方程基础上,深度上集成不可压缩的雷诺平均纳维-斯托克斯(Reynolds Averaged Navier-Stokes)方程。水平面上采用笛卡尔坐标或球面坐标。将三维流动的控制方程沿水深积分,取水深平均,得到沿水深平均的二维方程组。其水流运动连续性方程如下:

$$\frac{\partial h}{\partial t}+\frac{\partial h\bar{u}}{\partial x}+\frac{\partial h\bar{v}}{\partial y}=hS \qquad (5-1)$$

x 方向动量方程:

$$\frac{\partial h\bar{u}}{\partial t}+\frac{\partial h\bar{u}^2}{\partial x}+\frac{\partial h\bar{u}\bar{v}}{\partial y}=fh\bar{v}-gh\frac{\partial \eta}{\partial x}-\frac{h}{\rho_0}\frac{\partial p_a}{\partial x}-\frac{gh^2}{2\rho_0}\frac{\partial \rho}{\partial x}+\frac{1}{\rho_0}(\tau_{sx}-\tau_{bx})$$
$$-\frac{1}{\rho_0}\left(\frac{\partial S_{xx}}{\partial x}+\frac{\partial S_{xy}}{\partial y}\right)+\frac{\partial}{\partial x}(hT_{xx})+\frac{\partial}{\partial y}(hT_{xy})+hu_sS$$
$$(5-2)$$

y 方向动量方程:

$$\frac{\partial h\bar{v}}{\partial t}+\frac{\partial h\bar{u}\bar{v}}{\partial x}+\frac{\partial h\bar{v}^2}{\partial y}=-f\bar{u}h-gh\frac{\partial \eta}{\partial y}-\frac{h}{\rho_0}\frac{\partial p_a}{\partial x}-\frac{gh^2}{2\rho_0}\frac{\partial \rho}{\partial y}+\frac{1}{\rho_0}(\tau_{sy}-\tau_{by})$$
$$-\frac{1}{\rho_0}\left(\frac{\partial S_{yx}}{\partial x}+\frac{\partial S_{yy}}{\partial y}\right)+\frac{\partial}{\partial x}(hT_{xy})+\frac{\partial}{\partial y}(hT_{yy})+hv_sS$$
$$(5-3)$$

式中,t 是时间;x,y 为向东、向北的笛卡尔坐标轴;$(\bar{u},\bar{v})$ 为 x,y 方向平均水流流速;g 为重力加速度;ρ 为水体密度;ρ_0 为水密度;p_a 为水表面大气压;f 为科氏力参数,$f=2\Omega\sin\varphi$;Ω 为地球自转角速度,φ 为地理纬度;$f\bar{v}$ 和 $f\bar{u}$ 为地球自转加速度;$S_{xx},S_{xy},S_{yx},S_{yy}$ 为辐射应力分量;h 为总水深;

$$h = h_0 + \eta \tag{5-4}$$

其中，h_0 为静止状态下的水深；η 为静止海平面向上算起的海面波动（潮位）；S 为源汇项，(u_S, v_S) 源汇项水流流速公式为

$$h\,\overline{u} = \int_{-d}^{\eta} u\,\mathrm{d}z,\ h\,\overline{v} = \int_{-d}^{\eta} v\,\mathrm{d}z \tag{5-5}$$

其中，$\overline{u}$，$\overline{v}$ 为平均深度 x，y 方向的速度；

T_{xx}，T_{xy}，T_{yx}，T_{yy} 为辐射应力分量。横向上 T_{ij} 包括黏滞摩擦力、紊流摩擦力和对流力。其估测基于平均深度流速梯度的涡黏性公式为

$$T_{xx} = 2A\frac{\partial\,\overline{u}}{\partial x},\ T_{xy} = A\left(\frac{\partial\,\overline{u}}{\partial x} + \frac{\partial\,\overline{v}}{\partial y}\right),\ T_{yy} = 2A\frac{\partial\,\overline{v}}{\partial y} \tag{5-6}$$

底部剪切应力：$\vec{\tau_b} = (\tau_{bx}, \tau_{by})$，是由二次摩擦定律确定的：

$$\tau_y^b = C_f \rho |U| v \tag{5-7}$$

$$|U| = \sqrt{u^2 + v^2} \tag{5-8}$$

其中，C_f 代表底摩阻系数，可由谢才系数 C 或曼宁系数 M 计算得到：

$$C_f = \frac{g}{C^2} \tag{5-9}$$

$$C_f = \frac{g}{(Mh^{\frac{1}{6}})^2} \tag{5-10}$$

其中，M 为曼宁系数，代表河道糙率，是设定底床摩擦力的重要参数。

5.1.2 污染物输移模型基础

MIKE 21 AD 是 MIKE 系列软件中对水体中的可溶性物质和悬浮物质对流和扩散过程进行模拟的工具，它根据 MIKE 21 HD 产生的水动力条件，可以模拟物质在水体中的对流和扩散过程。二维物质输移方程如下：

$$\frac{\partial}{\partial t}(h\overline{C}) + \frac{\partial}{\partial x}(uh\overline{C}) + \frac{\partial}{\partial y}(vh\overline{C}) = hF_c - hk_p\overline{C} + hC_S S \tag{5-11}$$

式中，$\overline{C}$ 为垂线平均物质浓度；F_c 为浓度水平扩散系数；k_p 为物质线性降解系数；C_S 为源汇项物质浓度。

5.2 二维水动力模型构建

5.2.1 模型范围与地形处理

1. 模型范围

模型的范围是长江下游干流段,上游在安徽大通,东至江苏常熟徐六泾附近。以长江干流最后一个径流控制站大通水文站作为模型上边界,能正确地反映长江下游干流的径流入流条件,对模型模拟水动力过程有重要的作用。

大通至徐六泾划分为9个河段,如图5-1所示,其中从安徽大通到羊山矶的河段属于大通河段;从羊山矶到荻港镇的河段为铜陵河段;从荻港镇到三山河口的河段为黑沙洲河段;从三山河口到东、西梁山的河段为芜湖河段;从东、西梁山到猫子山的河段为马鞍山河段;从猫子山到三江口的河段为南京河段;从三江口到五峰山的河段为镇扬河段;从五峰山到江阴鹅鼻嘴的河段为扬中河段;从江阴鹅鼻嘴到徐六泾的河段为澄通河段。

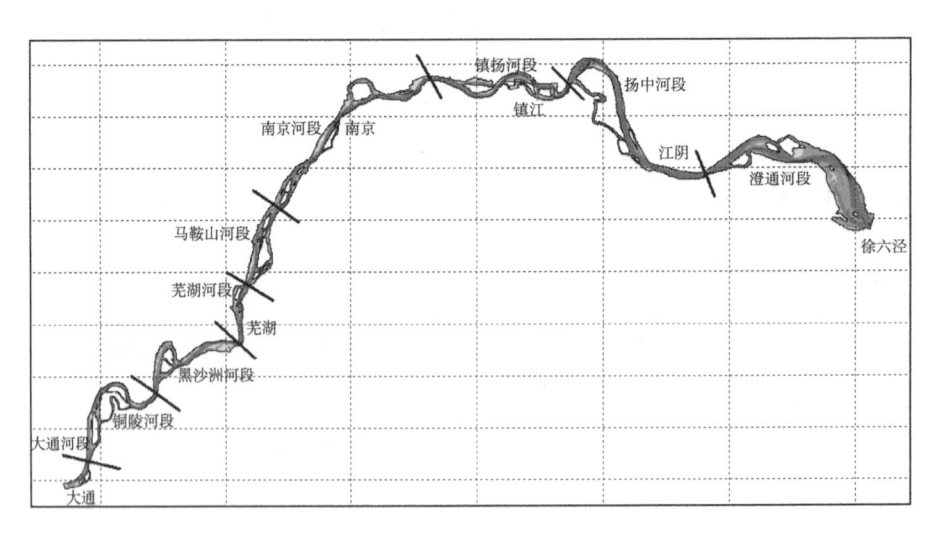

图5-1 长江下游干流(大通至徐六泾)模型范围与河段划分

模型范围内采用非结构化三角形网格对河道地形进行处理,三角形网格总

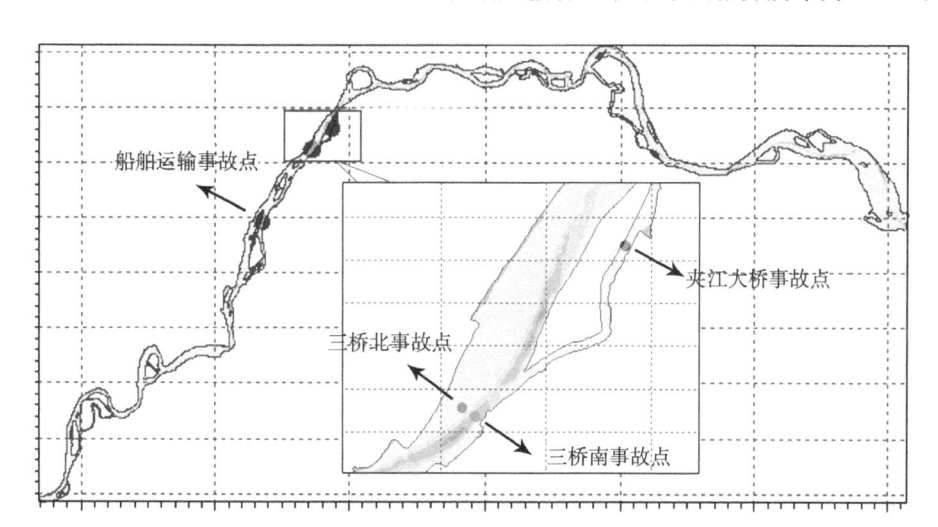

数为 79 685 个,如图 5-2 所示。对局部网格进行加密,最小网格分辨率为 100 m。

图 5-2　三角形网格图与长江南京段局部放大图

2. 地形数据来源与处理

长江下游河道地形数据资料取自 2008 年长江下游大通至吴淞口纸质航道图(长江航道局编制)。航道图是反映水底高程的地形图,航道图坐标系采用"1954 年北京坐标系",高程采用"1985 国家高程基准",起算面是绘制区域的深度基准面。航道图采用的深度基准面并不统一,分别为:吴淞口至江阴段的基准面为理论最低潮面,江阴至武汉段则以长江航道局 1971 年 7 月实行的航行基准面为基准面。各种水深和水面高度文件数值的设定必须基于同一基准面,按照图 5-3 中换算标准对各航道图水深点的高程进行校正,统一调整到"1985 国家高程基准",各航道深度采用理论最低潮面计算水深。数字化的区域从大通到徐六泾总长度约 531 km,数据取自 20 张河段航道图,所用航道图的比例尺都是 1∶40 000。

5.2.2　边界条件与参数设置

1. 边界条件

在本书模型研究中,上边界大通采用大通水文站的流量实测数据。选择流量作为上边界,模型会根据均匀流场中的曼宁系数来分配水量,使模型运行得

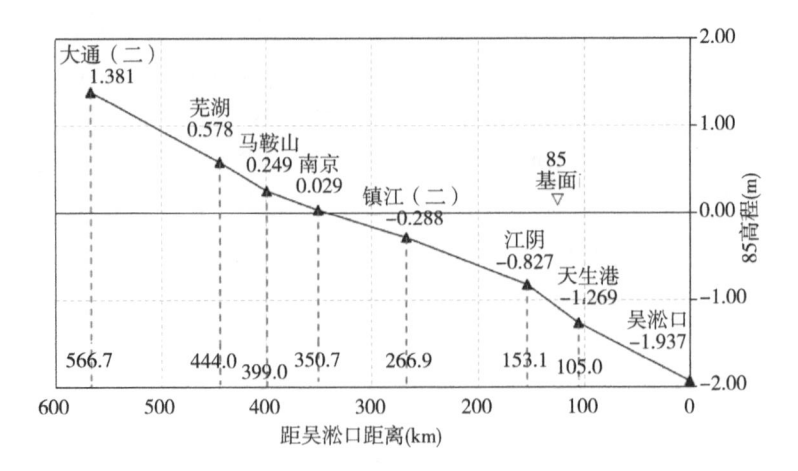

图 5-3 航道图深度基准面换算

更加精准。但上下边界如果取到相同类型可能会使得河流上下边界产生共振效应，从而影响结果的准确性。因此，下边界徐六泾采用徐六泾水文站点的水位实测数据。在 MIKE 21 的水流模型中，边界条件必须为等时间步长，而实测的数据会有所缺失，所以要在导入实测数据后用 MIKE 自带的工具 Toolbox 通过内插的方式按等时间步长补充完整，形成线性序列作为模型的边界条件。

2. 时间步长

本书设计了两个潮水位模拟的实验时间段，分别采用 2014 年 1 月(月平均流量为 11 800 m³/s)以及 2014 年 11 月(月平均流量为 23 400 m³/s)2 个时段作为代表月份，分别模拟枯水期以及平水期水动力模型的运行情况。长江沿岸城市主要以防洪排涝为主要任务，支流入流较大且难以统计，因此在本书的模型模拟中不再考虑。

枯水期水动力模拟起始时间为 2014 年 1 月 1 日 0 时 0 分，结束时间为 2014 年 1 月 31 日 23 时 50 分，计算时间步长为 $\Delta t = 10 \text{ min} = 600 \text{ s}$，总时间步数为 4 464；平水期水动力模拟起始时间为 2014 年 11 月 1 日 0 时 0 分，结束时间为 2014 年 11 月 30 日 23 时 50 分，计算时间步长为 $\Delta t = 10 \text{ min} = 600 \text{ s}$，总时间步数为 4 320。大通站 2014 年 1 月与 11 月逐日平均流量如图 5-4 所示。长江下游干流(大通至徐六泾)主要支流与水利工程数据来源如表 5-1 所示。

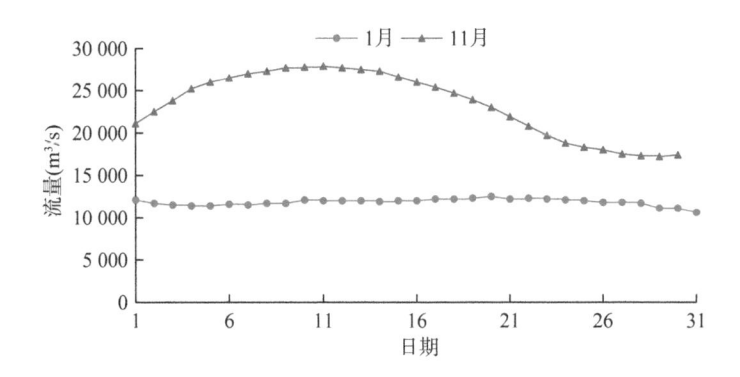

图 5-4　大通站 2014 年 1 月与 11 月逐日平均流量

3. 支流源汇

长江干流大通水文站以下流域汇入的支流,南岸主要包括安徽境内的青弋江、水阳江,江苏境内的秦淮河、秦淮新河和望虞河;北岸主要包括安徽境内的裕溪河、乌江,江苏和安徽境内的滁河、南水北调东线、泰州引江河、通吕运河和九圩港(表 5-1)。其余的支流流域面积较小,且入江流量也不大,因此在这里不做统计。

表 5-1　长江下游干流(大通至徐六泾)主要支流与水利工程数据来源

序号	河流/工程	所属省市	岸别	闸站	年均流量 (m³/s)	年径流量 (10⁸ m³)	数据来源
1	巢湖入江河道（裕溪河）	安徽芜湖、马鞍山	北岸	铜城闸	32.0	10.08	日均
				裕溪闸	143.0	44.98	日均
2	青弋江	安徽芜湖	南岸	大砻坊站	25.9	8.17	月均
3	水阳江	安徽马鞍山	南岸	当涂站	362.0	114.30	月均
4	驷马山引江水道(乌江)	安徽马鞍山	北岸	乌江闸	18.7	5.90	日均
				乌江闸抽水站	−0.4	−0.12	日均
5	秦淮新河枢纽	江苏南京	南岸	秦淮新河闸	6.7	2.13	日均
				秦淮新河闸抽水站	−10.7	−3.37	日均
6	秦淮河	江苏南京	南岸	武定门闸	46.5	14.67	日均
7	滁河	江苏南京、安徽滁州	北岸	汊河集闸	44.0	13.88	日均
8	南水北调东线	江苏扬州	北岸	万福闸	263.0	82.89	日均
				江都站 1～4 站	−124.0	−39.24	日均

续表

序号	河流/工程	所属省市	岸别	闸站	年均流量 (m³/s)	年径流量 (10⁸ m³)	数据来源
9	泰州引江河	江苏泰州	北岸	高港闸抽水站	−92.6	−29.21	月均
10	引江济太（望虞河）	江苏苏州	南岸	望虞闸	−64.0	−20.17	日径流量
11	九圩港	江苏南通	北岸	九圩港闸	−40.3	−12.71	日径流量
12	通吕运河	江苏南通	北岸	南通闸	−20.6	−6.49	日径流量

4. 参数率定

底床摩擦力(Bed Resistance)可以采用三种形式：无底床摩擦力、谢才系数(Chézy Coefficient)、曼宁系数(Manning Coefficient)。对于谢才系数和曼宁系数，都可以有设定常数和在模型内设定不同数值两种方式。糙度系数，又称糙率，一般用 n 表示，是一个反映对水流阻力影响的综合性无量纲数，糙率越大，则对水流的阻碍作用越强，水流流速越小。一般而言，边界表面越粗糙，糙率越大；边界表面越光滑，则糙率越小。长江中下游的糙率取值一般在 0.014～0.030。在本书的二维水动力模型中，采用的是曼宁系数 M，M 与糙率 n 之间存在倒数关系，即 $M=1/n$，即曼宁系数的取值范围在 32～70。

M 取 50、55 时，得到的水位结果如图 5-5、图 5-6 所示。可见，当曼宁系数值为 50 时，南京站、镇江（二）站、江阴站三个水位站点的模拟值与实测值偏差均较大，模拟水位值较高，尤其是低潮位数据，模拟水位值均高于实测数据值。当曼宁系数值为 55 时，江阴站模拟结果较好，镇江（二）站模拟水位值略低于实测值，而南京站的模拟结果较差，模拟值远高于实测值。由此可见，在研究区内，越靠近上游段，水深越大，糙率越小，对应的曼宁系数值越大，反之，越靠近下游入海处，水深越小，糙率越大，对应的曼宁系数值也越小。

由于长江主泓区与近岸区水深、流速相差较大，因而在模型范围内根据不同位置的水深值来设定曼宁系数值，模拟平面二维水动力模型。曼宁系数与水深的关系如下：

$$M = \frac{1}{n_0 + \frac{n_1}{|depth|}} \tag{5-12}$$

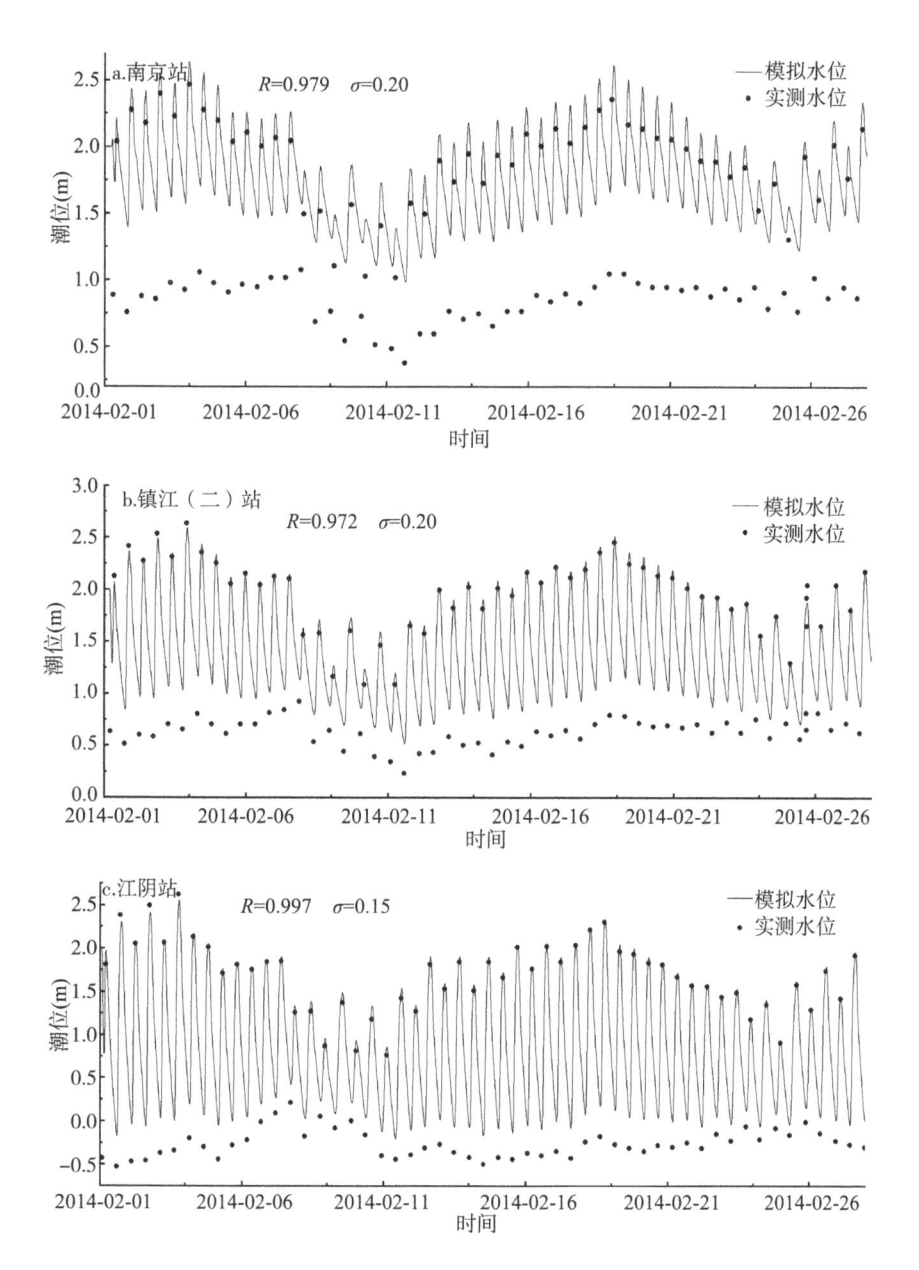

图 5-5　$M=50$ 时各个潮位站点模拟数据与实测数据对比图

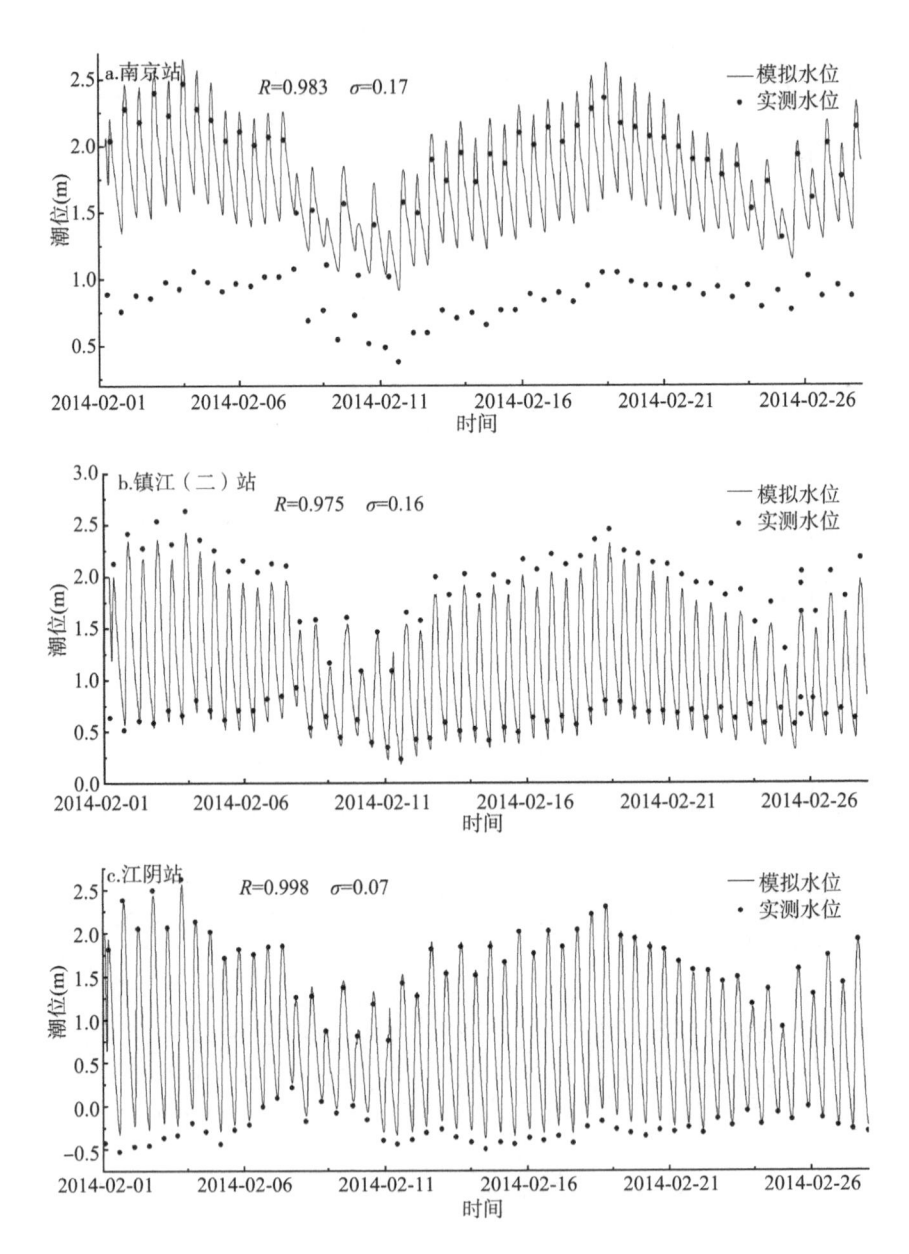

图 5-6　$M=55$ 时各个潮位站点模拟数据与实测数据对比图

其中，n_0 和 n_1 代表底部的糙率系数，n_0 和 n_1 是可以适当调整的，n_0 的取值范围一般在 0.01~0.02，n_1 的取值范围一般在 0.005~0.010；$depth$ 表示水深，在计算中取绝对值。在 MIKE 21 模型中曼宁系数 M 和糙率 n 是倒数关系，MIKE 模型中的曼宁系数 M 越大，表示底床的摩擦力越小，流速越快。

5.2.3 模型验证

依据长江下游干流潮位站实测潮位资料，验证长江枯水期与平水期水动力模型运行情况。根据长江流域水文资料(《中华人民共和国水文年鉴》第 6 卷第 7 册)中长江下游干流潮位站设置情况，选取南京、镇江(二)、江阴、天生港 4 个潮位站实测水位进行验证。实测潮位站的潮位数据基准面为"1956 黄海高程基准"，与模型校准的基准面不同，且高差互不统一。实测潮位的转换标准见表 5-2。因此在验证潮位数据时，需将 4 个潮位验证点的基准面调整为模型采用的"1985 国家高程基准"的潮位数值。

表 5-2 实测潮位的转换标准

序号	潮位站	冻结基面与绝对基面高差(m)	绝对或假定基面名称
1	南京	-1.903	黄海基准面
2	镇江(二)	-1.895	黄海基准面
3	江阴	-1.908	黄海基准面
4	天生港	-1.923	黄海基准面

将高程统一后长江干流的 4 个潮位站的潮位数据与模型模拟的潮位数据进行对比验证。图 5-7 至图 5-14 反映了长江干流 4 个潮位站的潮位验证结果，可以看出，由于长江下游河道较长，地形复杂，弯道众多，因此预测值和实测值之间有一些误差，但是基本的潮水位变化是一致的。在 2014 年 1 月(枯水)水文条件下，南京、镇江(二)、江阴、天生港 4 个潮位站与实测值的绝对误差分别为 0.09 m，0.13 m，0.08 m，0.12 m；2014 年 11 月(平水)水文条件下，4 个潮位站与实测值的绝对误差分别为 0.19 m，0.24 m，0.05 m，0.16 m。模型较为良好地模拟了高潮和低潮时潮位的波动，对于半日潮和日不等变化也得到了较好的模拟，模拟结果能够较好地反映长江干流潮位站在大、中、小潮的潮位波动情况，验证的潮位差值较小。

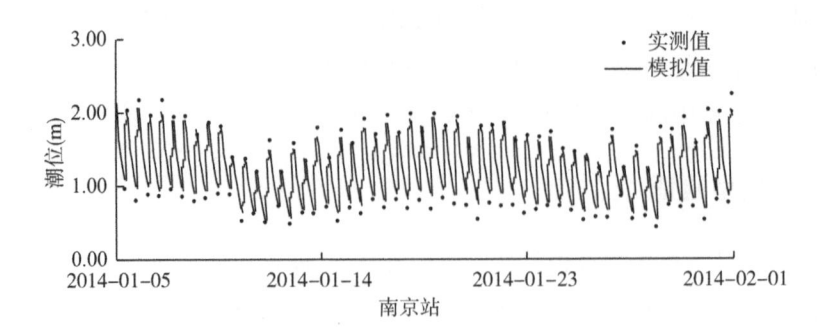

图 5-7 南京站 2014 年 1 月潮位模拟与实测对比图

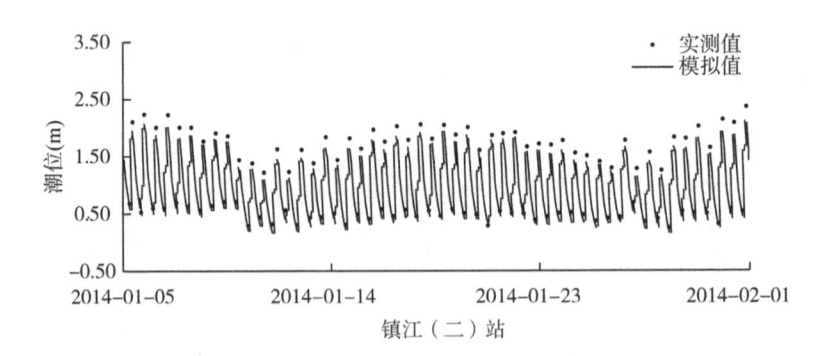

图 5-8 镇江(二)站 2014 年 1 月潮位模拟与实测对比图

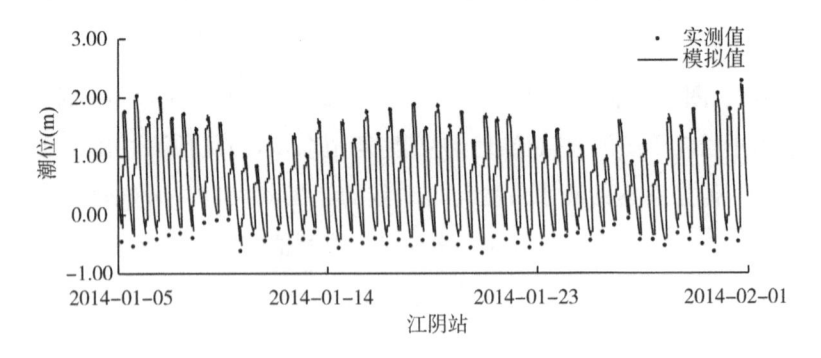

图 5-9 江阴站 2014 年 1 月潮位模拟与实测对比图

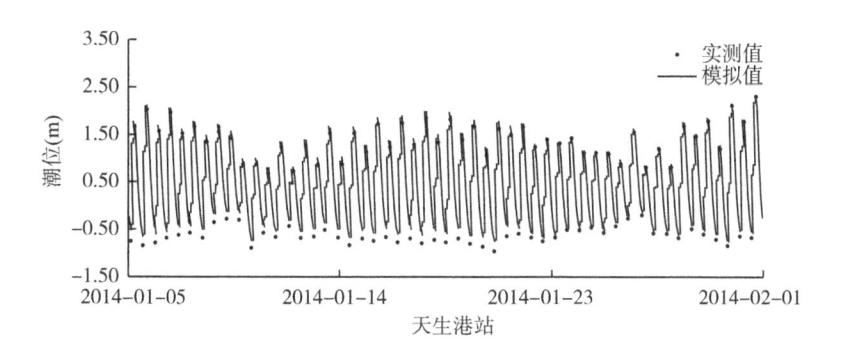

图 5-10 天生港站 2014 年 1 月潮位模拟与实测对比图

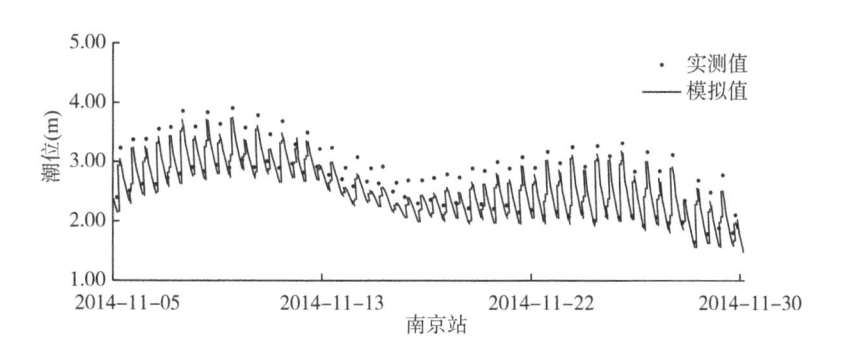

图 5-11 南京站 2014 年 11 月潮位模拟与实测对比图

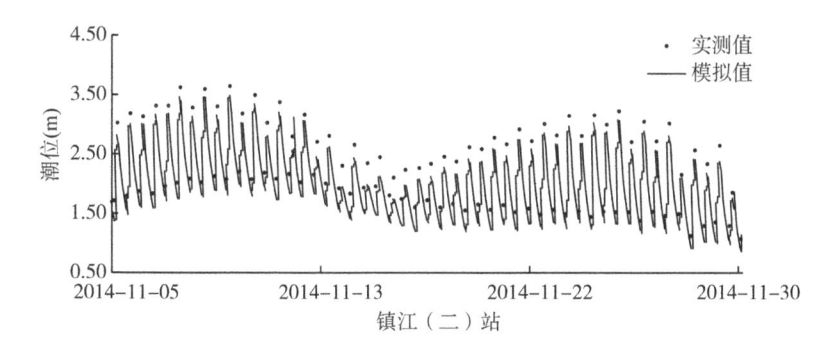

图 5-12 镇江(二)站 2014 年 11 月潮位模拟与实测对比图

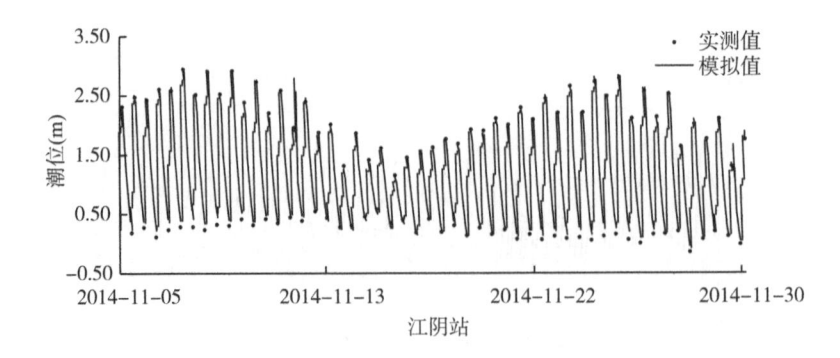

图 5-13 江阴站 2014 年 11 月潮位模拟与实测对比图

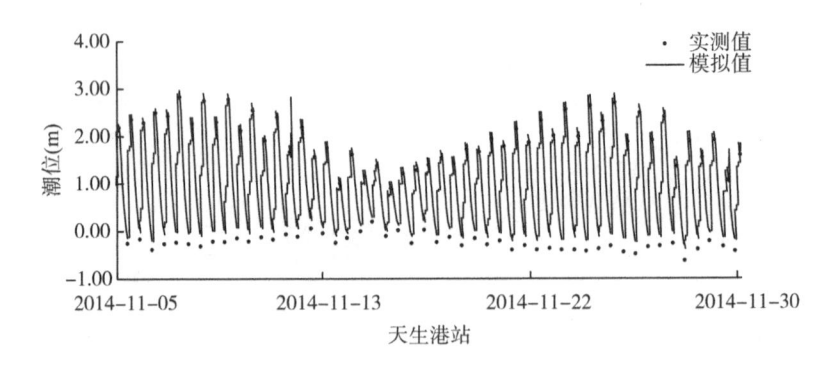

图 5-14 天生港站 2014 年 11 月潮位模拟与实测对比图

5.3 突发水污染事故过程模拟

5.3.1 污染物分析

1. 污染物选取

近年来,长江中上游沿江地区推动化工产业向内陆地区转移,再加上长江中下游已是我国传统石化产业聚集区,长江沿线已逐步形成了覆盖上中下游的石化工业走廊,危险化学品成为长江中下游水源地的主要威胁。苯酚在石油、制革、造纸、肥皂、农药、染料等行业中得到广泛使用,这些行业在生产过程和在苯酚的贮运过程中如果发生意外,均有可能对环境造成危害。苯酚具有可燃性,容易溶于有机溶剂,而且毒性很强,同时具有很强的腐蚀性,属于危险品中的第六类——有毒物质。根据第 3.3 节中对历年突发水污染事故的分析,本书将研究突发水污染事故的污染物选定为苯酚。

2. 污染物特性

(1) 污染物浓度限值

苯酚(化学式为 C_6H_5OH),相对分子质量 94.11,密度 1.071 g/mL(25℃),能较好地反映水中污染物的迁移过程。根据《地表水环境质量标准》(GB 3838—2002),在水质监测中,一般是先测定总酚含量,然后以苯酚作为标准来计算挥发酚,Ⅲ类水允许极限值为 0.005 mg/L。因此在输出浓度结果时,只考虑超出 0.005 mg/L 浓度限值区域为受污染影响区域,低于浓度限值的区域作为污染物影响不到的区域考虑。

(2) 扩散降解计算条件

污染物在河流中的扩散和分解受到河流的流量、流速、水深等因素的影响。扩散主要是由横断面流速不均引起的分散现象。参考文献(李娜 等,2011;白莹,2013)中对相似研究区域进行相似条件下的参数设置,河段扩散系数取值为 10 m^2/s。

污染物除了因不断扩散而降低浓度外,在水环境里,由于化学的或生物的反应不断衰减,浓度加速降低。参考中国环境规划院(现为生态环境部环境规划院)在《全国地表水水环境容量核定技术复核要点》(2004)提出的大江大河水质降解系数参考值,结合其他相关研究的参数设置(寇晓梅,2005;毛晓文 等,2015),河段降解系数取值为 0.20 d^{-1}。

5.3.2 突发水污染事故计算条件

1. 水路船舶运输事故

城市水源地突发水污染事故可能风险源主要包括船舶泄漏事故、桥上交通事故、突发性农业面源污染、沿岸企业事故等。目前对具有更大不确定性的船舶运输事故与发生在过江桥梁上的陆路运输事故等突发风险源研究较少。

以 2005 年苯类物质流入松花江造成的水污染事故、2012 年江苏镇江韩籍货轮苯酚泄漏事故作为参考,设定水路运输事故泄漏污染物为纯净液态苯酚,泄漏最大量为 100 t,苯酚泄漏简化为连续恒定排放,设计的泄漏持续时间为 5 h,泄漏强度为 20 t/h。事故发生地点选在长江南京段上游,距南京潮位站 50 km 的上游港口地区。

2. 陆路运输事故

以 1990 年南京扬子石化危化品运输车苯酚泄漏事故作为参考背景,据《道路运输爆炸品和剧毒化学品车辆安全技术条件》(GB 20300—2018)中关于危化品运输车容积与载重的规定,设定陆路运输事故泄漏量为 10 t,苯酚泄漏简化为瞬时排放。事故地点主要是各过江桥梁,模拟桥上发生交通事故,危化品运输车罐体破损,危化品由桥上直接进入长江。南京市过江桥梁包括长江大桥、长江二桥、长江三桥、长江四桥、夹江大桥等。考虑到所建立的二维模型可以模拟长江南北两岸的污染物浓度差异,再加上长江南京段水源地在江南、江北供水规模相差较大,而二桥(包括四桥)以下仅有龙潭一个水源地,现状通行条件下,货车不允许在大桥上通行。因此,在三桥设置靠北岸以及靠南岸两个事故点,夹江大桥位于夹江江面,横跨夹江水源地,在夹江大桥中部设置事故点。

3. 污染物扩散的不利水文条件设置

长江南京河段属长江下游感潮河段,水流主要受长江径流控制,同时水位受海平面波动的影响(Chen et al.,2001)。长江南京段枯季流量小,水流较弱,流速较缓,污染持续时间较长,污染物向下游输移时稀释扩散效果较差;江水涨潮时,污染物受潮位顶托,在河段内停留时间加长,污染持续时间较长。从径流与潮位两方面考虑污染物扩散的不利水文条件,入流条件选取枯水期 1 月流量,潮位条件选取南京潮位站半日潮涨潮开始时间。结合模型运行稳定所需的时间,设置突发污染时间为 2014 年 1 月 5 日 0:00,污染物浓度输出时间步长 $\Delta t = 30$ min $= 1\ 800$ s。所有情景条件设置如表 5-3 所示。

表 5-3 水路船舶运输事故情景

编号	地点	事故类型	泄漏强度(t/h)	总泄漏量(t)
1	南京潮位站上游 50 km	水路船舶运输	20	100
2	三桥北	陆路运输	瞬时	10
3	三桥南			10
4	夹江大桥			10

5.4 事故模拟结果分析

5.4.1 水路船舶运输事故

水路船舶运输突发事故污染过程模拟结果显示,污染团在1月5日6:30(事故发生6.5 h后)到达长江南京段上游苏皖省界断面(简称上断面),并在5日14:30全部进入长江南京段。下游宁镇市界断面(简称下断面)有3段浓度变化,主要原因是污染团在经过梅子洲汊道与八卦洲汊道时,分为主泓段、夹江段、八卦洲北汊段3个部分。其中,主泓段下泄的大部分污染物在8日10:30(事故发生82.5 h后)到达下断面,由于受到8日10:30至14:10以及8日22:00至9日2:30两次涨潮影响,污染物在下断面发生2次浓度变化,并于9日21:00(事故发生117 h后),通过下断面进入下游水体;进入八卦洲北汊段左汊的污染物于10日7:00(事故发生127 h后)到达下断面,10日19:00(事故发生139 h后)进入下游水体;进入夹江段的污染物持续影响时间较长,在9日21:00(事故发生117 h后)下断面不再出现浓度超标的情况下,继续对北河口水厂产生持续影响,但在夹江下游与长江主泓区混合后,未引起下游各水源地苯酚浓度变化。长江南京段从污染团进入至污染物全部进入下游水体(或低于水质限值),整个过程从5日6:30(事故发生6.5 h后)至11日23:00(事故发生167 h后)共历时160.5 h,苯酚总量衰减比例为77.46%。在此过程中,10处长江水源地供水水厂均受到污染物不同程度的影响,如表5-4所示,滨江水厂受污染时间最短,为10.5 h,北河口水厂受污染时间最长,为91 h。

表5-4 水路船舶运输事故污染过程

水厂/断面	污染持续时间(h)	峰值起始时间 第一次	第二次	第三次	第四次	峰值结束时间 第一次	第二次	第三次	第四次	最大浓度(mg/L)
北河口	91	1月7日0:00	1月7日13:00	1月8日9:00	1月8日16:30	1月7日5:00	1月7日14:30	1月8日13:00	1月11日23:00	0.036 8
城南	53.5	1月6日16:00	—	—	—	1月8日21:00	—	—	—	0.067 0
江宁	56	1月6日17:00	1月9日2:30	—	—	1月8日22:00	1月9日4:30	—	—	0.059 4

续表

水厂/断面	污染持续时间(h)	峰值起始时间 第一次	峰值起始时间 第二次	峰值起始时间 第三次	峰值起始时间 第四次	峰值结束时间 第一次	峰值结束时间 第二次	峰值结束时间 第三次	峰值结束时间 第四次	最大浓度(mg/L)
上元门	26.5	1月6日 18:30	—	—	—	1月7日 20:30	—	—	—	0.1842
城北	28	1月6日 20:00	1月8日 2:00	—	—	1月7日 22:00	1月8日 3:00	—	—	0.1802
滨江	10.5	1月5日 10:00	—	—	—	1月5日 20:00	—	—	—	0.8402
龙潭	41.5	1月7日 17:30	1月9日 10:00	—	—	1月8日 20:00	1月10日 0:00	—	—	0.1060
浦口	26.5	1月6日 10:30	1月7日 14:00	—	—	1月7日 11:00	1月7日 15:00	—	—	0.2391
江浦	25.5	1月6日 9:00	—	—	—	1月7日 10:00	—	—	—	0.2404
远古	29	1月7日 6:00	—	—	—	1月7日 10:30	—	—	—	0.1330
上断面	8	1月5日 6:30	—	—	—	1月5日 14:00	—	—	—	1.3777
下断面	45.5	1月8日 10:30	1月8日 15:30	1月10日 7:00	—	1月8日 13:00	1月9日 21:00	1月10日 19:00	—	0.0865

注:"—"表示该水厂/断面并未受到影响。

5.4.2 陆路运输事故

1. 三桥事故点

三桥发生陆路运输事故未引起上断面的浓度变化,下断面1月8日5:00之后浓度低于苯酚限值,突发污染对长江南京段的影响结束,共历时77h,污染物离开下断面时,苯酚在长江南京段滞留过程中的总量衰减比例为49.73%。在此过程中,10处长江水源地供水水厂中,共有8处水厂受到不同持续时间的影响,北河口与滨江水厂不受影响。陆路运输事故(三桥北侧)污染过程如表5-5所示。陆路运输事故(三桥南侧)污染过程如表5-6所示。

表5-5 陆路运输事故(三桥北侧)污染过程

水厂/断面	污染持续时间(h)	峰值起始时间 第一次	峰值起始时间 第二次	峰值结束时间 第一次	峰值结束时间 第二次	最大浓度(mg/L)
北河口	—	—	—	—	—	—
城南	13.5	1月5日 17:30	—	1月6日 6:30	—	0.0070

续表

水厂/断面	污染持续时间(h)	峰值起始时间 第一次	峰值起始时间 第二次	峰值结束时间 第一次	峰值结束时间 第二次	最大浓度(mg/L)
江宁	8	1月5日 20:00	1月6日 3:00	1月6日 0:00	1月6日 6:00	0.006 1
上元门	12.5	1月5日 18:00	—	1月6日 6:00	—	0.047 1
城北	12.5	1月5日 19:00	—	1月6日 7:00	—	0.045 7
滨江	—	—	—	—	—	—
龙潭	13.5	1月6日 17:00	—	1月7日 6:00	—	0.021 1
浦口	9	1月5日 10:00	—	1月5日 18:30	—	0.065 1
江浦	9	1月5日 9:00	—	1月5日 17:30	—	0.071 3
远古	13.5	1月6日 5:30	—	1月6日 18:30	—	0.025 2
上断面	—	—	—	—	—	—
下断面	13.5	1月7日 16:00	—	1月8日 5:00	—	0.014 1

注:"—"表示该水厂/断面并未受到影响。

表5-6 陆路运输事故(三桥南侧)污染过程

水厂/断面	污染持续时间(h)	峰值起始时间	峰值结束时间	最大浓度(mg/L)
北河口	—	—	—	—
城南	17	1月5日 16:00	1月6日 8:30	0.008 9
江宁	15.5	1月5日 18:00	1月6日 9:00	0.007 8
上元门	12.5	1月5日 17:30	1月6日 5:30	0.048 7
城北	12.5	1月5日 19:00	1月6日 7:00	0.047 6
滨江	—	—	—	—
龙潭	13.5	1月6日 16:30	1月7日 5:30	0.021 6
浦口	9	1月5日 9:30	1月5日 18:00	0.068 1
江浦	9	1月5日 8:30	1月5日 17:30	0.076 3
远古	13.5	1月6日 5:00	1月6日 18:00	0.024 2

续表

水厂/断面	污染持续时间(h)	峰值起始时间	峰值结束时间	最大浓度(mg/L)
上断面	—	—	—	—
下断面	14	1月7日 15:30	1月8日 5:00	0.014 4

注:"—"表示水厂/断面并未受到影响。

南京长江三桥事故点泄漏苯酚总量为 10 t,在三桥靠近南北两端分别设置事故点,通过对比两者结果可以发现,其对长江南京段主江段的所有水源地的影响时间相同,说明污染物大部分是随河流主泓下泄,小部分进入汊道。三桥南事故点更靠近夹江水源地上游,因此对夹江水源地的城南、江宁水厂影响时间加长。

2. 夹江大桥事故点

夹江大桥发生陆路运输事故未引起上断面的浓度变化,下断面 1 月 8 日 9:30 之后浓度低于苯酚限值,突发污染对长江南京段的影响结束,共历时 81.5 h,污染物离开下断面时,苯酚在长江南京段滞留过程中的总量衰减比例为 51.21%。在此过程中,10 处长江水源地供水水厂中,共有 6 处水厂受到不同持续时间的影响,城南、江宁、滨江与江浦 4 处水厂未受到事故泄漏的影响。陆路运输事故(夹江大桥)污染过程如表 5-7 所示。

表 5-7 陆路运输事故(夹江大桥)污染过程

水厂/断面	污染持续时间(h)	峰值起始时间 第一次	峰值起始时间 第二次	峰值结束时间 第一次	峰值结束时间 第二次	最大浓度(mg/L)
北河口	71.5	1月5日 2:00	1月8日 0:00	1月7日 20:00	1月8日 4:30	3.614 8
城南	—	—	—	—	—	—
江宁	—	—	—	—	—	—
上元门	23	1月5日 20:00	—	1月6日 18:30	—	0.014 1
城北	18.5	1月5日 21:30	1月6日 4:00	1月5日 23:00	1月6日 20:00	0.012 0
滨江	—	—	—	—	—	—
龙潭	14	1月6日 21:30	1月7日 4:30	1月6日 22:30	1月7日 16:30	0.007 3

续表

水厂/断面	污染持续时间(h)	峰值起始时间 第一次	峰值起始时间 第二次	峰值结束时间 第一次	峰值结束时间 第二次	最大浓度(mg/L)
浦口	3.5	1月6日 0:30	—	1月6日 3:30	—	0.010 4
江浦	—	—	—	—	—	—
远古	21.5	1月6日 10:30	—	1月7日 7:30	—	0.008 9
上断面	—	—	—	—	—	—
下断面	7.5	1月7日 21:30	1月8日 5:00	1月7日 23:30	1月8日 9:30	0.006 0

注："—"表示水厂/断面并未受到影响。

5.5 小结

采用数学模型模拟污染物扩散过程，主要以水流、水质数学模型为基础，将突发水污染事故作为常规水质模拟的一种特殊工况进行处理，探讨突发事故对城市水源地的影响，是实现水源保护的有效手段。

根据水力学和流体力学的基本原理以及污染物迁移转化规律，建立了长江下游（大通至徐六泾）感潮河段的突发水污染过程模拟二维水动力-水质模型。对大通水文站不同流量条件下的水动力模型进行验证，选取2014年1月与11月分别代表枯水期流量与平水期流量，模拟结果与长江下游南京、镇江（二）、江阴、天生港4处干流潮位站的潮位进行对比。结果表明，验证的潮位差值较小，水动力结果能够较好地反映长江干流潮位站在大、中、小潮的潮位波动情况。

将历史突发水污染事故作为事故类型、污染物种类、污染物泄漏总量和强度等取值的参考。最终选取苯酚为污染物，选择具有更大不确定性的上游船舶运输事故，以及发生在过江桥梁上的陆路运输事故这两种事故类型。另外，根据长江南京段枯季流量小、水流较弱、流速较缓、污染持续时间较长，以及感潮河段江水涨潮时污染物在河段内停留时间加长这两种不利水文条件，以2014年1月作为模拟运行时间，南京潮位站半日潮涨潮开始时间1月5日0时作为事故发生时刻，进行突发水污染过程模拟。

水路船舶运输事故结果表明,发生在上游的船舶运输事故对长江南京段影响过程历时160.5 h。其间,长江南京段所有水厂均受到污染,指标超过苯酚在Ⅲ类水中允许极限值,其中受影响时间最短的是长江南京段最上游的滨江水厂,受影响时间为10.5 h;受影响最大的是位于长江南京段中部夹江汊道的北河口水厂,共经历4次峰值变化过程,其中前2次是由涨潮影响夹江下游污染回溯至北河口水厂导致的,后2次是由夹江上游污染下泄导致的,受污染时间共计91 h。

在陆路运输事故模拟中,通过对比设置在长江南京段主泓区和汊道区事故点的模拟结果可以发现,主泓区污染过程历时77 h,小于汊道区历时81.5 h;前者对水厂取水的影响最大历时17 h,后者最大历时71.5 h。通过对比设置在长江南京段北岸与南岸事故点模拟结果可以发现,事故对长江南京段的影响时间均为77 h,南岸事故对南岸下游两处水厂影响时间分别提升了3.5 h与7.5 h。

因此,长江主泓区突发水污染事故时,污染物下泄速度较快,对水源地影响时间较短,但涨潮时容易向上游回溯影响未受污染的汊道水源地;汊道区突发水污染事故时,污染持续时间长,对水源地影响时间较长,但涨潮时对上游水源地基本没有影响;南北两岸发生事故时,更易对同侧下游水源地造成影响。

第6章

多水源应急供水方案决策模型及应用

第6章 多水源应急供水方案决策模型及应用

城市水安全受到社会高度关注,当城市水源受环境风险威胁时,及时启用应急水源补充供水,缓解城市供水紧张,对保障居民生活与维护社会稳定起到重要的作用。由于水污染事故具有不确定性、突发性以及危害性,需要建立完善的应急供水体系,以便制定合理有效的应急供水策略,从而在最短的时间内将污染事故对正常供水的破坏降到最低。本章通过建立多水源联合应急供水模型,设定突发水污染事故与应急响应参数,模拟长江南京段突发水污染事故,分析水源受污染影响供水时间等信息;根据不同方案采用的应急水源,研究多水源应急保障方案,通过比较城市应急需水的保障程度等条件,选择最佳方案。

6.1 多水源应急供水方案决策模型构建

6.1.1 模型构建的理论及方法

对于突发水污染事故,启用应急水源在一定程度上改变了原有的水资源供需格局,因此有必要制定更为完善的、考虑应急水源作为新增或替代供水水源的水资源调度模型。目前,针对水资源配置已经有了较为完善的理论和优化计算模型,本研究在此基础上建立了应急供水模式下的水资源优化配置模型,重点是通过水利工程调度提供优质水源,暂时缓解水源地水质超标及突发性重大水污染事故带来的负面影响。

传统水量配置模型是指在一个特定流域或区域内,对有限的不同形式、不同约束条件的水源进行科学合理的调配,其目的是在基本满足供水需求(包括流量要求、水量要求、水质要求、时间要求等)的前提下,实现水资源配置及水利工程调度的优化,使供水的人力成本、资金投入、工程调度运用最优。本研究在以水量控制为主的调度原则基础上,引入水质阈值作为控制取水口启闭的控制条件,进一步实现了水质水量的联合调度。根据第3章的研究内容模拟突发水污染的污染物迁移过程,当污染物影响取水口时,污染物浓度超过水质阈值,该水源受到污染威胁停止向取水口供水,此时改由其他未受污染威胁水源供水;等污染影响一段时间后,污染物由于降解以及迁移,浓度降低到限值以下,则水源供水风险基本消除,继而水源恢复供水。

目前，国内外许多专家在区域多水源供水方面进行了研究，采用的方法主要以供水费用或最大经济效益为目标函数，建立数学模型，用相应算法求解得出最优配置，在一定程度上为管理者提供了决策依据。本研究将多水源联合供水应用于城市水源应急供水上，同时考虑水量优化配置中存在许多不确定性，例如不同水源水量、供水成本的差异等，进一步模拟在突发水污染事故影响城市水源供水时，通过应急水源供水以保障城市居民用水安全的水量分配方案。

6.1.2 模型构建的思路

城市水源突发水污染事故时，启用分段供水，此时受污染水源停止取水；当其余未污染水源不能满足供水需求时，启用应急备用水源抽水至水厂，经处理后进入目标供水区。通过概化"水源—水厂—供水区"三节点应急供水系统，结合突发污染物迁移对各水源的影响，动态分析水源地水质和水量、水厂可供水量以及供水区可获得实际水量之间的关系；最后根据供水区用水户的需水量满足程度（供水保证率）来评价最终应急方案的效果。水在节点间输送所需时间在研究中不考虑。

6.1.3 应急供水系统模拟

1. 突发事故情景

根据 5.3 节对突发水污染事故不同事故类型的模拟，采用水路船舶运输事故情景。以 2005 年苯类物质流入松花江造成的水污染事故，以及 2012 年江苏镇江韩籍货轮苯酚泄漏事故作为参考，设定水路运输事故泄漏污染物为纯净液态苯酚，泄漏最大量为 100 t，苯酚泄漏简化为连续恒定排放，设计的泄漏持续时间为 5 h，泄漏强度为 20 t/h。事故发生地点选在长江南京段上游，距南京潮位站 50 km 的上游港口地区。

该次突发水污染事故引起长江南京段所有水源地苯酚浓度超标，对水源地供水影响最大的是夹江水源地的北河口水厂，影响供水 91 h；影响最小的是子汇洲水源地的滨江水厂，影响供水 10.5 h。突发水污染事故在长江南京段历时 160.5 h。

2. 水源地供水系统

依据现状与规划的水源地、供水设施划分相对独立的水源地,将水源地划分为 i 个分区($i=1,2,\cdots,i$)。水源地可分为现状供水水源地与应急供水水源地。根据 2.3 节,南京市现状集中供水水源地有 6 个,分别为子汇洲、夹江、燕子矶、龙潭、江浦、上坝;现状应急水源地 2 处,包括浦口区三岔水库,以及引江供水工程反供水(由高淳固城湖,溧水中山、方便水库向主城区反向供水)2 处。根据南京市规划资料与新闻报道,本书新增绿水湾水库水源地、八卦洲水库水源地,具体各应急水源地情况在接下来的内容中叙述。

3. 水厂供应系统

依据现状南京市集中供水水厂分布、水源连通与区域供水情况,进行部分整合,划分为 j 个分区($j=1,2,\cdots,j$)。位于江南的主要有滨江、江宁(江宁开发区水厂与江宁科学园水厂)、城南、北河口、上元门、城北、龙潭水厂共 7 处;位于江北的主要有江浦、浦口、远古水厂共 3 处。

4. 城市供水区

依据现有自来水供水管网,以及水源地主要供水范围,结合南京市行政区划,将供水区划分为 k 个分区($k=1,2,\cdots,k$)。考虑到主城区管网连通程度较高,向主城区任一区域供应自来水,基本可以通过管网覆盖主城区所有范围,因此将主城区作为一个供水区考虑。供水区主要包括:主城区(玄武区,秦淮区,鼓楼区、建邺区、雨花台区、栖霞区)、江宁区、浦口区、六合区共 4 处。高淳区与溧水区现状通过引江供水工程(由主城区向高淳区、溧水区方向供水),在长江受污染时,通过原供水水源地(高淳固城湖,溧水中山、方便水库)应急供水,暂不需要额外提供应急供水,因此本书研究不考虑这两区的应急供水。

5. 现状水源地供水结构

水源地向水厂供水的供水结构有以下 2 种:一是单水源供单水厂,如上坝水源地供远古水厂,龙潭水源地供龙潭水厂,子汇洲水源地供滨江水厂;二是单水源供多水厂,包括江浦水源地供江浦、浦口水厂,燕子矶水源地供上元门、城北水厂,夹江水源地供江宁、城南、北河口水厂。水厂向供水区供水的供水结构也有 2 种:一是单水厂供单供水区,如远古水厂向六合区供水;二是多水厂供单供水区,包括江浦、浦口水厂供浦口区,滨江、江宁水厂供江宁区,向主城区供水的水厂最多,有城南、北河口、上元门、城北、龙潭水厂5处。

6.1.4 应急供水调度原则

1. 间歇供水调度

突发污染物到达某水源地取水口位置,导致浓度超过限值,表示该水源地受到污染威胁,存在一定的供水风险。因此停止该水源地内取水口供水,改由其他未受污染威胁水源供水;等到污染团尾部离开取水口位置,污染物浓度降低到限值以下,供水风险基本消除,此时水源恢复供水。

2. 联合供水调度

联合供水调度分为多水源联合供水与多水厂联合供水。当某水源地受到污染时,无法正常向水厂供水。在这种情况下,可以启用应急水源地,继续向水厂提供水源。另外,在供水区的管网可连通、水厂向本地供水区供水满足本地需水的情况下,可以由原管网向相通管网供水,补充相邻供水区的缺额,以弥补对供水区造成的供水短缺的影响。

3. 优先供水原则

水源地经由水厂向供水区供水时,供水区用水户可分为生活、公共、工业等多类用水户。在应急供水条件下,根据轻重缓急确定用水户供水满足次序:优先满足生活用水,然后依次是保证公共用水、重点工业用水,最后是保证一般工业用水。

6.1.5 应急响应方案设定

本书针对长江下游突发水污染事故,模拟城市应急供水系统的响应能力,首先需要探究现状供水水平与供水条件下,在水源地受到污染、苯酚浓度超标、无法向水厂供水时,城市水源能否通过现状供水体系满足各供水区需水。因此设置现状方案1,该方案主要模拟在现有水源条件下,在发生突发水污染事故时,通过间歇供水与现状应急水源地供水,尝试满足城市用水需求的情景。方案2是现状改进方案,设置江北六合区与浦口区、江南江宁区与主城区供水区管网互通,可以通过互通管网向临近供水区供水。方案3是新增应急水源方案,新增绿水湾水库、八卦洲水库2处长江河漫滩水源。方案拟改变南京市现状南北独立供水格局,利用长江河漫滩与冲积洲的特殊地形,设闸蓄水新建江中水库,向江南江北供应原水。既能利用闸门阻隔,形成相对独立的应急水源,避免受长江突发水污染事故影响,又能贯穿南北供水管网,使南北两岸共享优质水源,保障城市用水。各应急响应方案启用应急水源情况如表6-1所示。

表6-1 各应急响应方案启用应急水源情况

方案编号	方案名称	启用应急水源		
^	^	供水水源	已有应急水源	改进应急措施与新增应急水源
1	现状应急能力	6个长江南京段水源地	三岔水库、固城湖	
2	管网连通	^	^	六合区与浦口区、江宁区与主城区供水管网互通
3	新增应急水源	^		绿水湾、八卦洲水库

6.2 多水源联合配置模型条件

6.2.1 目标函数

(1) 在突发污染时,各水源通过水厂向各供水区补给水量,此时主要考虑应急供水量是否满足居民需水要求。因此首先以供水量最大为目标,以保障需水为前提,尽可能向供水区提供最多的水量,按需定供,即各时段各区域供水保证率(probability of water supply, WSP)尽可能大。利用动态规划原理,结合本书第5章对污染物迁移转化的过程模拟研究,分时段计算供水保证率。在本书的研究中,假定全天需水过程是恒定均匀的,即单位时间的需水量相等。其目标函数表达式为

$$\text{Max} WSP = \text{Max} \sum_{t=1}^{t} \left(\sum_{i=1}^{i} \sum_{j=1}^{j} \sum_{k=1}^{k} \frac{S_{ijk}}{D_k} \right) \tag{6-1}$$

式中,i,j,k分别表示各水源地、水厂以及供水区;S_{ijk}表示通过第i个水源地,经第j个水厂,向第k个供水区的供水量;D_k表示第k个供水区的需水量;t表示突发污染时段。

(2) 其次考虑应急水源无法满足供水需求,需要缩减正常生活用水定额,

制定能够满足居民生活、生产的应急用水定额压缩比例,尽可能保证各类用水户获得较高的用水保证率。各时段、各区域内生活用水保证率(probability of domestic water supply,DWSP)、公共用水保证率(probability of public water supply,PWSP)、工业用水保证率(probability of industrial water supply,IWSP)最大的目标函数表达式为

$$\text{Max} Z_t = \text{Max}\{\min[(DWSP),(PWSP),(IWSP)]\} \qquad (6-2)$$

6.2.2 约束条件限制

1. 水源供水量限制

城市水源受水资源条件及污染程度等情况制约,影响可供水量,从而对应急供水造成影响。水源供水量根据水源类型进行区分。河道型水源供水水量不受限制,但一旦遭受污染,水源即刻封闭,不再供应,等到污染团离开再进行供水;湖库型水源相对独立,在长江突发水污染事故时不易受污染,因此主要受水资源条件限制,可将湖库蓄水量(或兴利库容)作为湖库水源可供水量。任一水源向各水厂供水的总和,不应超过该水源的可供水量,即对任一水源 i,均有

$$\sum_{j=1}^{j} W_{ij} \leqslant S_i \qquad (6-3)$$

式中:W_{ij} 表示水源 i 向水厂 j 的供水量;S_i 表示水源 i 的供水量限制。

2. 水厂供水限制

水厂将原水进行技术处理后,供应自来水以满足城市居民生产生活的需求,可供水量主要受水厂规模的影响,供水量应不大于水厂最大供水规模。多个水源同时供应一个水厂时,各水源供应的水量之和,不应大于水厂供水规模,即对任一水厂 j,均有

$$\sum_{i=1}^{j} W_{ij} \leqslant F_j \qquad (6-4)$$

式中:W_{ij} 表示水源 i 向水厂 j 的供水量;F_j 表示水厂 j 的供水规模限制。

3. 供水区需水量约束

供水区作为模拟应急供水系统终端,是计算供水量是否满足居民需求的重

要节点。一个供水区可能由多个水厂负责供水,这几个水厂供水量之和,应不高于本区需水量,即对任一供水区 k,均有

$$\sum_{j=1}^{j} Q_{jk} \leqslant A_k \tag{6-5}$$

式中:Q_{jk} 表示水厂 j 向供水区 k 的供水量;A_k 表示供水区 k 的需水量。

供水区可分为本地供水区与跨区供水区,本地供水区即依据现状水源供水范围,水厂供水可达域;跨区供水区为本地供水区的相邻区域,本地水厂向跨区水厂供水时,会产生更多的损耗。

4. 输水合理性约束

现状水厂供水存在部分无法供水的供水区,如地处南北两岸的水厂无法向对岸的供水区供水,同样,水源也存在无法供应到的水厂。现状集中供水水源与水厂的对应关系保持不变,应急水源与水厂的对应关系如下:三岔水库供应三岔水厂,绿水湾水库供应江浦水厂、北河口水厂,八卦洲水库供应远古水厂、城北水厂。

5. 供水损失约束

计算供水过程损耗主要包括水厂损耗与供水管网漏损。水厂生产的自来水除了供应城市居民以外,还存在一部分自用水量,主要用于沉淀池排泥、滤池冲洗以及其他生产用水,根据 2011—2015 年水厂自用水量分析,自用水比例在 1%~2%,因此按水厂供水量的 2% 计算。2011—2015 年南京市水厂自用水量与自用水比例如表 6-2 所示。

表 6-2 2011—2015 年南京市水厂自用水量与自用水比例

年份	总供水量(万 t)	自用水量(万 t)	自用水比例/%
2011	80 675	882	1.09
2012	87 821	645	0.73
2013	93 927	1 346	1.43
2014	101 813	1 525	1.50
2015	104 882	1 090	1.04

注:总供水量与自用水量数据来源于《南京统计年鉴》。

供水管网在输水过程中存在一定比例的漏水情况,按照《城镇供水管网漏

损控制及评定标准》(CJJ 92—2016)，水管检修临界条件为 15%，根据《南京市应急供水保障规划(2013—2020)》(上海市市政工程设计研究总院有限公司)中管网漏损率规划设计要求，本书中管网漏损率按 10% 计算。

6.2.3 应急水源选择

1. 未受污染威胁的现状供水水源

污染团途经长江南京段时，采用分段供水方法，污染团未到达及污染团已全部通过的区段内的水源成为未受污染威胁的供水水源。由这类水源向供水区供水，并通过供水管网在供水区之间进行调度，以满足供水区的需水要求。

2. 江南、江北湖库水源

三岔水库集中式饮用水水源地是江苏省核准的第三批集中式饮用水水源地。水源地位于浦口区桥林街道，以三岔水库为取水水源，通过三岔水厂进行供水。三岔水库汇水面积 13.5 km^2，总库容 763.6 万 m^3，兴利库容 530 万 m^3。三岔水厂现状供水规模 2 万 t/d，三岔水厂供水干管与珠江水厂供水干管已连通，突发水污染事故时，可作为应急水源向浦口区供水。

高淳区、溧水区现状供水由主城区管网通过引江供水工程供水，而在主城区需应急供水时，高淳区、溧水区反向供清水作为主城区应急水源，即以中山水库、方便水库和固城湖为应急备用水源，利用现有高淳、溧水水厂，通过已建成投用的引江供水工程，向主城区反供清水 15 万 m^3/d。

3. 长江河漫滩水源

现有水源应急规划受长江划分江南、江北的限制，均以长江为中轴，江南、江北相对独立。本研究拟利用现有长江南京段冲积洲的特殊地形，设闸蓄水新建江中水库，向江南、江北供应原水。既能利用闸门阻挡，形成相对独立的应急水源，避免受长江突发水污染事故的影响，又能贯穿南北供水管网，使南北两岸共享优质水源，保障城市用水。

绿水湾水库：西江口汊道(绿水湾)地处长江河漫滩区，全长 8.46 km，可在北部设水闸，南部引江水，应急时输送原水至江北的江浦水厂与江北的北河口水厂，输水距离分别为 1 km、7 km。绿水湾水库地处绿水湾国家城市湿地公园，水域面积 8.42 km^2，占总面积的 39.4%。长江大堤以外以绿水湾水域为核心区,原始生态保持良好,具有良好的涵养水源条件。新建绿水湾水库可以与绿水湾国家城市湿地公园建设相结合,平时作为集旅游、渔业于一身的生态公园,突发水污染事故时作为南京市应急水源地。

八卦洲水库:八卦洲位于南京市栖霞区西北部,南与南京市主城区、北与六合区一江相隔,属南京江北新区。可利用八卦洲现有西部洲头三角地块新建八卦洲水库,配套建设应急原水泵站,分别向江南的城北水厂、江北的远古水厂供水,供水距离分别约为 2 km、8 km。南京八卦洲汊道上起下关,下至西坝,主泓长约 18 km。随着长江南京河段河势变化,八卦洲左汊分流比不断下降。新建八卦洲水库可配合"长江南京河段八卦洲汊道河道整治工程",在增加南京市应急水源的基础上,增加左汊分流比,改善左汊局部水域条件,为左汊工矿企业码头运行创造有利条件,保障南京市区域经济的可持续发展。

6.2.4 应急水源可供水量

1. 河道型水源

长江南京段共计 6 个河道型水源,可在不受污染威胁时作为应急水源,分别为子汇洲水源、夹江水源、江浦-浦口水源、燕子矶水源、上坝水源、龙潭水源。由于长江南京段来水量充足,因此,在未受污染威胁状态下,河道型水源可供水量不受限制。

2. 湖库型水源

湖库应急水源主要有位于长江北岸的三岔水库,以及位于长江南京段河道中的绿水湾水库、八卦洲水库。湖库型水源地应急可供水量与水库库容有较大关联,对于现有水库,根据南京市《水资源公报》选取 2010—2015 年平均蓄水量作为可供水量;资料不足与未建设的水库以有效库容(兴利库容)作为可供水量。

绿水湾水库所处西江口汊道以城南河交汇处为界设置水闸,汊道长约 8 km,可利用汊道长度约 6 km,水域面积约 240 万 m^2,有效蓄水深度按 3.0 m 计算,水库有效蓄水量可达 720 万 m^3。八卦洲水库位于八卦洲现有西部洲头三角地块,水域面积约 180 万 m^2,取 3.0 m 作为水库有效深度,计算得到有效库容为 540 万 m^3。湖库型应急水源可供水量情况如表 6-3 所示。

表 6-3 湖库型应急水源可供水量情况

水源名称	总库容(万 m³)	有效库容(万 m³)	2010—2015 年平均蓄水量(万 m³)	直接供水区
三岔水库	778	610	530.0	浦口区
绿水湾水库	—	720.0	—	浦口区、主城区
八卦洲水库	—	540.0	—	六合区、主城区

注:"—"表示缺乏数据资料。

6.2.5 供水区应急需水分析

1. 应急需水响应级别

居民生活用水指的是居民日常生活用水,包括饮用、洗涤、冲厕、洗澡用水等,应急响应的最基本要求是尽量满足居民生活需水的最低要求。

公建用水指的是公共场所或者政府机关用水,主要包括建筑业、城市环境、绿化、草坪、道路、广场浇洒用水,商业、服务业、机关办公、宾馆饭店、旅游、医疗、文化体育、学校等设施浇灌用水。应急响应下应保障医疗、消防、学校以及重要机关单位用水。

工业用水这里主要指工业用自来水,主要用于下列范围:冷却用水,包括直流式、循环式补充水;洗涤用水,包括冲渣、冲灰、消烟除尘、清洗等;锅炉用水,包括低压、中压锅炉补给水;工艺用水,包括溶料、蒸煮、漂洗、水力开采、水力输送、增湿、稀释、搅拌、选矿、油田回注等;产品用水,包括浆料、化工制剂、涂料等。这一部分用水在应急供水时应尽可能减少,以满足居民生活用水的需求。

据此,本研究划分南京市应急响应等级及其分配的居民生活用水、公建用水以及工业用水的压缩比例如下(刘家宏 等,2013)。

(1) 受限供水(3 级响应):应急居民生活用水采用压缩比例 80%,应急公建用水采用压缩比例 50%,应急工业用水采用压缩比例 30%。该等级应急响应对居民生活影响较小,对工业生产有一定的影响。

(2) 节约供水(2 级响应):应急居民生活用水采用压缩比例 70%,应急公建用水采用压缩比例 40%,应急工业用水采用压缩比例 15%。该等级应急响应对居民生活有一定影响,对工业生产有较大的影响。

(3) 限制供水(1 级响应):应急居民生活用水采用压缩比例 60%,应急公建用水采用压缩比例 30%,不考虑工业用水。该等级应急响应对居民生活有较大影响,工业生产基本停止。

2. 供水区应急需水量

2015 年城市应急日均供水能力应根据上一年度人均居民日生活用水量进行计算。2014 年《南京统计年鉴》显示,2014 年南京市综合生活用水指标为 296 L/(人·d),其中,居民日常生活用水指标约为 132 L/(人·d),公建用水指标约为 122 L/(人·d),工业用水指标约为 42 L/(人·d)。根据前文对城市用水压缩比例的研究,计算不同应急响应级别下对应的日需水量,结果如表 6-4 所示。根据 2015 年南京市人口分布情况计算各供水区日均需水量,结果如表 6-5 所示。

表 6-4 不同应急响应级别下日需水量情况　　　　单位:L/(人·d)

应急响应级别	居民生活用水	公建用水	工业用水	综合用水
现状用水	132	122	42	296
受限供水(3 级响应)	105.6	61.0	12.6	179.2
节约供水(2 级响应)	92.4	48.8	6.3	147.5
限制供水(1 级响应)	79.2	36.6	0.0	115.8

表 6-5 各供水区日均需水量　　　　单位:万 t/d

供水区	常住人口(万人)	应急需水总量	受限供水需水量	节约供水需水量	限制供水需水量
主城区	451.16	133.54	80.85	66.55	52.24
江宁区	119.14	35.27	21.35	17.57	13.80
浦口区	74.94	22.18	13.43	11.05	8.68
六合区	93.44	27.66	16.74	13.78	10.82
四区合计	738.68	218.65	132.37	108.95	85.54
全市	823.59	243.78	147.59	121.48	95.37

注:应急需水总量按上一年度人均用水指标计算。

6.2.6 突发水污染事故概述

以 5.4.1 节水路船舶运输事故作为本节模型模拟的突发污染过程(图 6-1)。污染团在 1 月 5 日 6:30(事故发生 6.5 h 后)到达长江南京段上游苏皖省界断面(简称上断面),并在 5 日 14:30 全部进入长江南京段。污染团在经过梅子洲汊道与八卦洲汊道时,分为主泓段、夹江段、八卦洲北汊段 3 个部分。其中,主泓段下泄的大部分污染物在 8 日 10:30(事故发生 82.5 h 后)到达下断面;进入八卦洲北汊段左汊的污染物于 10 日 7:00(事故发生 127 h 后)到达下断面,10 日 19:00(事故发生 139 h 后)进入下游水体;进入夹江段的污染物持续影响时间较长,在 9 日 21:00(事故发生 117 h 后)下断面不再出现浓度超标的情况。长江南京段从污染团进入至污染物全部进入下游水体(或低于水质限值),整个过程从 5 日 6:30(事故发生 6.5 h 后)至 11 日 23:00(事故发生 167 h 后)共历时 160.5 h,苯酚总量衰减比例为 77.46%。在此过程中,10 处长江水源地供水水厂均受到污染物不同程度的影响,滨江水厂受污染时间最短,为 10.5 h,北河口水厂受污染时间最长,为 91 h。

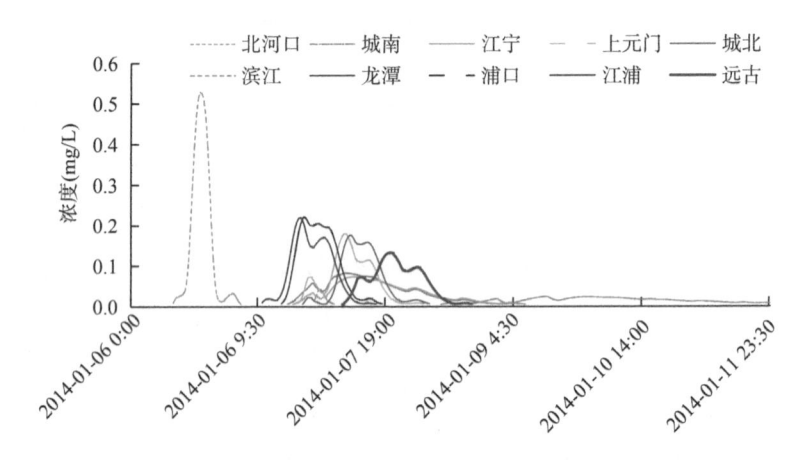

图 6-1　水路船舶运输突发水污染事故对各水源地的影响

6.3　多水源应急响应方案结果分析

6.3.1　方案 1 水量配置结果

1. 应急供水目标达成情况

方案 1 模拟在现状水源供水条件下,通过分段供水与市政管网联网供水方式尝试满足城市用水需求的情景。该方案中启用的水源有:子汇洲、夹江、燕子矶、龙潭、江浦、上坝、三岔水库共 7 处正在使用的水源。按突发水污染事故模拟情况,逐步停止长江沿岸各水源原水供应。根据构建的多水源联合应急供水配置模型,在城市用水保障程度与应急供水量最小两个应急响应目标下,得到的城市应急供水情况如下。

表 6-6 反映方案中以城市居民最大用水保障为目标,突发污染各时段内应急水源的供用水量情况。发生突发污染事故后的 167.5 h 中,按现状城市用水水平,共需水 327.43 万 m³,各区供水量为 190.63 万 m³,各水源取水量为 233.22 万 m³,供水保证率为 58.22%。从污染水体下泄的过程来看,0~33 h 与 121~167.5 h 两个时段内城市供水不受影响,且不需要启用三岔水库应急水源;94.5~121 h 时段内城市供水受较小影响,在启用三岔水库应急供水的条件下,供水保证率为 75.47%;33~48 h、48~70.5 h、70.5~94.5 h 三个时段内,在启用三岔水库应急供水的条件下,城市供水仍受到较大影响,供水保证率分别为 31.31%、3.22%、3.21%。

表 6-6 方案 1 城市居民最大用水保障目标供用水量　　　　　单位:万 m³

突发污染时段	供水区	现状用水量	供水量	本时段供水保证率	取水量	三岔水库(应急)
0~33 h	主城区	39.11	39.11	100.00%	47.12	不启用
	江宁区	10.21	10.21		12.31	
	浦口区	6.34	6.34		7.63	
	六合区	8.01	8.01		9.73	
33~48 h	主城区	33.52	10.49	31.31%	12.64	启用
	江宁区	8.76	2.74		3.61	
	浦口区	5.43	1.70		2.19	
	六合区	6.86	2.15		2.59	
48~70.5 h	主城区	16.76	0.54	3.22%	0.65	启用
	江宁区	4.38	0.14		0.18	
	浦口区	2.72	0.09		0.11	
	六合区	3.43	0.11		0.14	

续表

突发污染时段	供水区	现状用水量	供水量	本时段供水保证率	取水量	三岔水库(应急)
70.5~94.5 h	主城区	33.52	1.08	3.21%	1.30	启用
	江宁区	8.76	0.28		0.34	
	浦口区	5.43	0.17		0.21	
	六合区	6.86	0.22		0.29	
94.5~121 h	主城区	50.28	37.94	75.47%	47.55	启用
	江宁区	13.13	9.91		11.94	
	浦口区	8.15	6.15		7.40	
	六合区	10.29	7.77		10.22	
121~167.5 h	主城区	27.93	27.93	100.00%	33.88	不启用
	江宁区	7.30	7.30		8.79	
	浦口区	4.53	4.53		5.45	
	六合区	5.72	5.72		6.95	
合计		327.43	190.63	58.22%	233.22	

注：本时段供水保证率指该时段的总供水量与应急需水量的百分比，下同。

表6-7反映方案中以最大响应等级为目标，突发污染各时段内应急水源的供用水量情况。突发污染发生后的167.5 h中，0~33 h、94.5~121 h、121~167.5 h三个时段内城市用水保障能满足应急规划需水量，最高应急响应等级达到3级，且均不用启用三岔水库，仅依靠现有供水水源即可满足应急供水；但在33~48 h、48~70.5 h、70.5~94.5 h三个时段内，实际供水量达不到应急响应等级的最小需水要求（1级）。总的来看，在满足城市应急响应3级供水条件下，发生突发污染后的167.5 h内城市需水量为198.21万 m^3，最小供水量目标下实际供水量为135.34万 m^3，尚缺62.87万 m^3，无法满足城市应急响应要求。

表6-7　方案1最大响应等级目标供用水量　　　　单位：万 m^3

突发污染时段	供水区	现状用水量	最高响应等级	3级响应需水量	供水量	取水量	三岔水库（应急）
0~33 h	主城区	39.11	3	23.68	23.68	28.53	不启用
	江宁区	10.21		6.18	6.18	7.45	
	浦口区	6.34		3.84	3.84	4.62	
	六合区	8.01		4.85	4.85	5.84	

续表

突发污染时段	供水区	现状用水量	最高响应等级	3级响应需水量	供水量	取水量	三岔水库（应急）
33~48 h	主城区	33.52	1	20.29	10.49	12.64	启用
	江宁区	8.76		5.30	2.74	3.61	
	浦口区	5.43		3.29	1.70	2.19	
	六合区	6.86		4.15	2.15	2.59	
48~70.5 h	主城区	16.76	1	10.15	0.54	0.65	启用
	江宁区	4.38		2.65	0.14	0.18	
	浦口区	2.72		1.64	0.09	0.11	
	六合区	3.43		2.08	0.11	0.14	
70.5~94.5 h	主城区	33.52	1	20.29	1.08	1.30	启用
	江宁区	8.76		5.30	0.28	0.34	
	浦口区	5.43		3.29	0.17	0.21	
	六合区	6.86		4.15	0.22	0.29	
94.5~121 h	主城区	50.28	3	30.44	30.44	36.68	不启用
	江宁区	13.13		7.95	7.95	9.58	
	浦口区	8.15		4.93	4.93	5.94	
	六合区	10.29		6.23	6.23	8.20	
121~167.5 h	主城区	27.93	3	16.91	16.91	20.38	不启用
	江宁区	7.30		4.42	4.42	5.32	
	浦口区	4.53		2.74	2.74	3.30	
	六合区	5.72		3.46	3.46	4.17	
合计		327.43		198.21	135.34	164.26	

2. 应急供水量配置情况

综合考虑以上两个目标，能够达到3级响应等级的时段，以3级响应供水为城市需水，最小供水量为约束条件；不能满足应急响应等级的，按最大供水保证率为目标，进行水量优化配置，得到结果如下。

表6-8反映水源原水供应水厂的水量配置情况，在发生突发污染后的167.5 h内，各水源原水供应量分别为：子汇洲水源供滨江水厂15.24万 m^3；夹江水源供江宁水厂7.45万 m^3，供城南与北河口水厂85.58万 m^3；燕子矶水源供上元门与城北水厂共13.38万 m^3；龙潭水源供龙潭水厂5万 m^3；江浦水源供江浦水厂与浦口水厂共22.06万 m^3；上坝水源供远古水厂14.29万 m^3；三

岔水库供三岔水厂 1.43 万 m^3。

表 6-8 水源—水厂原水配置表　　　　　　　　　　　　单位：万 m^3

	滨江	江宁	城南 & 北河口	上元门	城北	龙潭	三岔	江浦	浦口	远古
子汇洲	15.24	—	—	—	—	—	—	—	—	—
夹江	—	7.45	85.58	—	—	—	—	—	—	—
燕子矶	—	—	—	5.00	8.38	—	—	—	—	—
龙潭	—	—	—	—	—	5.00	—	—	—	—
江浦	—	—	—	—	—	—	—	12.73	9.33	—
上坝	—	—	—	—	—	—	—	—	—	14.29
三岔	—	—	—	—	—	—	1.43	—	—	—

注："—"表示无供水。

表 6-9 反映各水厂供应用水区的净水配置情况，主城区由城南与北河口水厂、上元门水厂、城北水厂、龙潭水厂各供水 71.03 万 m^3、4.15 万 m^3、6.80 万 m^3、1.16 万 m^3；江宁区由滨江、江宁水厂各供水 12.65 万 m^3、6.18 万 m^3，由城北、龙潭水厂分别供水 0.14 万 m^3、2.74 万 m^3；浦口区由江浦、浦口水厂分别供水 8.43 万 m^3、3.08 万 m^3，由三岔水库应急供水 0.68 万 m^3，由远古水厂经市政管网供水 1.28 万 m^3；六合区由远古水厂供水 10.46 万 m^3，由江浦、浦口水厂跨区供水 1.96 万 m^3、4.28 万 m^3，由三岔水厂应急跨区供水 0.33 万 m^3。

表 6-9 水厂—供水区净水配置表　　　　　　　　　　　单位：万 m^3

	滨江	江宁	城南 & 北河口	上元门	城北	龙潭	三岔	江浦	浦口	远古
主城区	—	—	71.03	4.15	6.80	1.16	—	—	—	—
江宁区	12.65	6.18	—	—	0.14	2.74	—	—	—	—
浦口区	—	—	—	—	—	—	0.68	8.43	3.08	1.28
六合区	—	—	—	—	—	—	0.33	1.96	4.28	10.46

注："—"表示无供水。

6.3.2　方案 2 水量配置结果

1. 应急供水目标达成情况

方案 2 模拟在现状水源供水条件下，通过分段供水与市政管网联网供水方

第6章 多水源应急供水方案决策模型及应用

式尝试满足城市用水需求的情景。该方案中启用的水源有:子汇洲、夹江、燕子矶、龙潭、江浦、上坝、三岔水库、高淳反供水共 8 处正在使用的水源地。按第 5 章中突发水污染事故模拟情况,逐步停止长江沿岸各水源原水供应。根据构建的多水源联合应急供水配置模型,在城市用水保障程度与应急供水量最小两个应急响应目标下,得到的城市应急供水情况如下。

表 6-10 反映方案中以城市居民最大用水保障为目标,突发污染各时段内应急水源的供用水量情况。发生突发污染事故后的 167.5 h 中,按现状城市用水水平,共需水 327.43 万 m³,各区供水量为 277.71 万 m³,各水源取水量为 337.42 万 m³,供水保证率为 84.82%。从污染水体下泄的过程来看,0~33 h、94.5~121 h 与 121~167.5 h 三个时段内城市供水不受影响;33~48 h 时段内城市供水受少量影响,供水保证率为 92.76%;48~70.5 h、70.5~94.5 h 两个时段内,在启用应急供水的条件下,城市供水仍受到较大影响,供水保证率为 44.09% 和 44.08%。

表 6-10　方案 2 城市居民最大用水保障目标供用水量　　单位:万 m³

突发污染时段	供水区	现状用水量	供水量	本时段供水保证率	取水量	金牛山（应急）	赵村（应急）
0~33 h	主城区	39.11	39.11	100.00%	47.12	启用	不启用
	江宁区	10.21	10.21		12.31		
	浦口区	6.34	6.34		7.63		
	六合区	8.01	8.01		9.65		
33~48 h	主城区	33.52	31.09	92.76%	37.46	启用	启用
	江宁区	8.76	8.12		9.78		
	浦口区	5.43	5.04		6.58		
	六合区	6.86	6.37		7.67		
48~70.5 h	主城区	16.76	7.39	44.09%	8.90	启用	启用
	江宁区	4.38	1.93		2.33		
	浦口区	2.72	1.20		1.55		
	六合区	3.43	1.51		1.82		

续表

突发污染时段	供水区	现状用水量	供水量	本时段供水保证率	取水量	金牛山（应急）	赵村（应急）
70.5~94.5 h	主城区	33.52	14.78	44.08%	17.81	启用	启用
	江宁区	8.76	3.86		4.65		
	浦口区	5.43	2.39		3.10		
	六合区	6.86	3.03		3.65		
94.5~121 h	主城区	50.28	50.28	100.00%	62.09	启用	不启用
	江宁区	13.13	13.13		15.82		
	浦口区	8.15	8.15		9.81		
	六合区	10.29	10.29		12.68		
121~167.5 h	主城区	27.93	27.93	100.00%	33.88	启用	不启用
	江宁区	7.30	7.30		8.79		
	浦口区	4.53	4.53		5.45		
	六合区	5.72	5.72		6.89		
合计		327.43	277.71	84.82%	337.42		

表6-11反映方案中以最大响应等级为目标,污染各时段内应急水源的供用水量情况。突发污染发生的167.5 h中,0~33 h、33~48 h、94.5~121 h、121~167.5 h四个时段内城市用水保障能满足应急规划需水量,最高应急响应等级达到3级;但在48~70.5 h、70.5~94.5 h时段内,实际供水量仅达到应急响应等级的最小需水要求(1级)。总的来看,在满足城市应急响应3级供水条件下,发生突发污染后的167.5 h内城市需水量为198.21万 m^3,最小供水量目标下实际供水量为184.75万 m^3,尚缺13.46万 m^3,无法满足城市应急响应要求。

表6-11 方案2最大响应等级目标供用水量 单位:万 m^3

突发污染时段	供水区	现状用水量	最高响应等级	3级响应需水量	供水量	取水量
0~33 h	主城区	39.11	3	23.68	23.68	28.53
	江宁区	10.21		6.18	6.18	7.45
	浦口区	6.34		3.84	3.84	4.62
	六合区	8.01		4.85	4.85	5.84

续表

突发污染时段	供水区	现状用水量	最高响应等级	3级响应需水量	供水量	取水量
33~48 h	主城区	33.52	3	20.29	20.29	24.45
	江宁区	8.76		5.30	5.30	6.39
	浦口区	5.43		3.29	3.29	4.28
	六合区	6.86		4.15	4.15	5.01
48~70.5 h	主城区	16.76	1	10.15	7.39	8.90
	江宁区	4.38		2.65	1.93	2.33
	浦口区	2.72		1.64	1.20	1.55
	六合区	3.43		2.08	1.51	1.82
70.5~94.5 h	主城区	33.52	1	20.29	14.78	17.81
	江宁区	8.76		5.30	3.86	4.65
	浦口区	5.43		3.29	2.39	3.10
	六合区	6.86		4.15	3.03	3.65
94.5~121 h	主城区	50.28	3	30.44	30.44	36.68
	江宁区	13.13		7.95	7.95	9.58
	浦口区	8.15		4.93	4.93	5.94
	六合区	10.29		6.23	6.23	7.51
121~167.5 h	主城区	27.93	3	16.91	16.91	20.38
	江宁区	7.30		4.42	4.42	5.32
	浦口区	4.53		2.74	2.74	3.30
	六合区	5.72		3.46	3.46	4.17
合计		327.43		198.21	184.75	223.26

2. 应急供水量配置情况

综合考虑以上两个目标,能够达到应急响应等级的,以应急供水能够满足的最高响应等级为城市需水,最小供水量为约束条件;不能满足相应应急响应等级的,按最大供水保证率为目标,进行水量优化配置,得到结果如下。

表6-12反映水源原水供应水厂的水量配置情况,在突发污染的167.5 h内,各水源原水供应量分别为:子汇洲水源供滨江水厂14.90万 m^3;夹江水源供江宁水厂7.45万 m^3,供城南与北河口水厂各85.58万 m^3;燕子矶水源与龙潭水源供上元门、城北、龙潭水厂各15.63万 m^3;江浦水源供江浦水厂与浦口

水厂 9.40 万 m³、4.46 万 m³；上坝水源供远古水厂 18.80 万 m³；三岔水库供三岔水厂 1.25 万 m³；赵村水库（包括驻驾山水库）分别供滨江水厂与城南、北河口水厂各 13.36 万 m³、35.54 万 m³，金牛山水库供金牛山水厂 16.88 万 m³。

表 6-12 水源—水厂原水配置表　　　　　　　　　　单位：万 m³

	滨江	江宁	城南 & 北河口	上元门/ 城北/龙潭	三岔	江浦	浦口	远古	金牛山
子汇洲	14.90	—	—	—	—	—	—	—	—
夹江	—	7.45	85.58	—	—	—	—	—	—
燕子矶/龙潭	—	—	—	15.63	—	—	—	—	—
江浦	—	—	—	—	—	9.40	4.46	—	—
上坝	—	—	—	—	—	—	—	18.80	—
三岔	—	—	—	—	1.25	—	—	—	—
赵村、驻驾山	13.36	—	35.54	—	—	—	—	—	—
金牛山	—	—	—	—	—	—	—	—	16.88

注："—"表示无供水。

表 6-13 反映各水厂供应用水区的净水配置情况，主城区由城南、北河口水厂，上元门、城北、龙潭水厂各供水 100.52 万 m³、12.97 万 m³；江宁区由滨江、江宁水厂分别供水 23.46 万 m³、6.18 万 m³；浦口区由江浦、浦口水厂分别供水 7.81 万 m³、3.70 万 m³，由三岔水库应急供水 1.04 万 m³，由远古水厂经市政管网供水 2.87 万 m³，由金牛山水厂供水 2.97 万 m³；六合区由远古水厂供水 12.46 万 m³，由金牛山水厂应急供水 10.77 万 m³。

表 6-13 水厂—供水片区净水配置表　　　　　　　　单位：万 m³

	滨江	江宁	城南 & 北河口	上元门/ 城北/龙潭	三岔	江浦	浦口	远古	金牛山
主城区	—	—	100.52	12.97	—	—	—	—	—
江宁区	23.46	6.18	—	—	—	—	—	—	—
浦口区	—	—	—	—	1.04	7.81	3.70	2.87	2.97
六合区	—	—	—	—	—	—	—	12.46	10.77

注："—"表示无供水。

6.3.3 方案 3 水量配置结果

1. 应急供水目标达成情况

方案 3 模拟在现状水源供水条件下,通过分段供水与市政管网联网供水方式尝试满足城市用水需求的情景。该方案中启用的水源有:子汇洲、夹江、燕子矶、龙潭、江浦、上坝、三岔水库共 7 处正在使用的水源,金牛山水库与赵村水库两处规划应急水源,增加新济洲水库、绿水湾水库、八卦洲水库三个江心洲及边滩水库。按第 5 章中突发水污染事故模拟情况,逐步停止长江沿岸各水源原水供应。根据构建的多水源联合应急供水配置模型,在城市用水保障程度与应急供水量最小两个应急响应目标下,得到的城市应急供水情况如下。

表 6-14 反映方案中以城市居民最大用水保障为目标,突发污染各时段内应急水源的供用水量情况。发生突发污染事故后的 167.5 h 中,按现状城市用水水平,共需水 327.43 万 m³,各区供水量为 327.43 万 m³,各水源取水量 395.98 万 m³,供水保证率为 100%。从污染水体下泄的过程来看,各时段内城市供水均不受影响。

表 6-14　方案 3 城市居民最大用水保障目标供用水量　　单位:万 m³

突发污染时段	供水片区	现状用水量	供水量	本时段供水保证率	取水量	新济洲	绿水湾	八卦洲
0~33 h	主城区	39.11	39.11	100.00%	47.12	启用	不启用	不启用
	江宁区	10.21	10.21		12.31			
	浦口区	6.34	6.34		7.63			
	六合区	8.01	8.01		9.65			
33~48 h	主城区	33.52	33.52	100.00%	40.39	启用	启用	不启用
	江宁区	8.76	8.76		10.55			
	浦口区	5.43	5.43		6.54			
	六合区	6.86	6.86		8.27			
48~70.5 h	主城区	16.76	16.76	100.00%	20.19	启用	启用	启用
	江宁区	4.38	4.38		5.27			
	浦口区	2.72	2.72		3.27			
	六合区	3.43	3.43		4.13			

续表

突发污染时段	供水片区	现状用水量	供水量	本时段供水保证率	取水量	新济洲	绿水湾	八卦洲
70.5~94.5 h	主城区	33.52	33.52	100.00%	40.39	不启用	启用	启用
	江宁区	8.76	8.76		10.55			
	浦口区	5.43	5.43		6.54			
	六合区	6.86	6.86		8.27			
94.5~121 h	主城区	50.28	50.28	100.00%	62.09	不启用	不启用	启用
	江宁区	13.13	13.13		15.82			
	浦口区	8.15	8.15		9.81			
	六合区	10.29	10.29		12.40			
121~167.5 h	主城区	27.93	27.93	100.00%	33.66	不启用	不启用	不启用
	江宁区	7.30	7.30		8.79			
	浦口区	4.53	4.53		5.45			
	六合区	5.72	5.72		6.89			
合计		327.43	327.43	100.00%	395.98			

表 6-15 反映方案中以最大响应等级为目标，污染各时段内应急水源的供用水量情况。发生突发污染事故后的 167.5 h 中，所有时段内城市用水保障均能满足应急规划需水量，最高应急响应等级达到 3 级。在满足城市应急响应 3 级供水条件下，突发污染的 167.5 h 内城市需水量为 198.21 万 m^3，最小供水量目标下实际供水量为 198.21 万 m^3，满足城市水源应急响应要求。

表 6-15　方案 3 最大响应等级目标供用水量　　　　　　　　单位:万 m^3

突发污染时段	供水区	现状用水量	最高响应等级	3级响应需水量	供水量	取水量
0~33 h	主城区	39.11	3	23.68	23.68	28.53
	江宁区	10.21		6.18	6.18	7.45
	浦口区	6.34		3.84	3.84	4.62
	六合区	8.01		4.85	4.85	5.84
33~48 h	主城区	33.52	3	20.29	20.29	24.45
	江宁区	8.76		5.30	5.30	6.39
	浦口区	5.43		3.29	3.29	3.96
	六合区	6.86		4.15	4.15	5.01

续表

突发污染时段	供水区	现状用水量	最高响应等级	3级响应需水量	供水量	取水量
48~70.5 h	主城区	16.76	3	10.15	10.15	12.23
	江宁区	4.38		2.65	2.65	3.19
	浦口区	2.72		1.64	1.64	1.98
	六合区	3.43		2.08	2.08	2.50
70.5~94.5 h	主城区	33.52	3	20.29	20.29	24.45
	江宁区	8.76		5.30	5.30	6.39
	浦口区	5.43		3.29	3.29	3.96
	六合区	6.86		4.15	4.15	5.01
94.5~121 h	主城区	50.28	3	30.44	30.44	36.68
	江宁区	13.13		7.95	7.95	9.58
	浦口区	8.15		4.93	4.93	5.94
	六合区	10.29		6.23	6.23	7.51
121~167.5 h	主城区	27.93	3	16.91	16.91	20.38
	江宁区	7.30		4.42	4.42	5.32
	浦口区	4.53		2.74	2.74	3.30
	六合区	5.72		3.46	3.46	4.17
合计		327.43		198.21	198.21	238.84

2. 应急供水量配置情况

综合考虑以上两个目标,能够达到应急响应等级的,以应急供水能够满足的最高响应等级为城市需水,最小供水量为约束条件;不能满足相应应急响应等级的,按最大供水保证率为目标,进行水量优化配置,得到结果如下。

表 6-16 反映水源原水供应水厂的水量配置情况,在发生突发污染后的 167.5 h 内,各水源原水供应量分别为:子汇洲水源供滨江水厂 21.29 万 m^3,夹江、燕子矶、龙潭水源供主城五座水厂 76.20 万 m^3,江浦水源分别供江浦水厂与浦口水厂 10.15 万 m^3、3.71 万 m^3,上坝水源供远古水厂 15.02 万 m^3,金牛山水库供金牛山水厂 1.26 万 m^3,新济洲水库供滨江水厂 17.03 万 m^3,绿水湾水库向主城五座水厂与江浦水厂分别供水 61.13 万 m^3、9.90 万 m^3,八卦洲水库向主城五座水厂与远古水厂分别供水 9.38 万 m^3、13.76 万 m^3。

表 6-16 水源—水厂原水配置表　　　　　　　　　　单位:万 m³

	滨江	主城五座水厂	江浦	浦口	远古	金牛山
子汇洲	21.29	—	—	—	—	—
夹江/燕子矶/龙潭	—	76.20	—	—	—	—
江浦	—	—	10.15	3.71	—	—
上坝	—	—	—	—	15.02	—
金牛山	—	—	—	—	—	1.26
新济洲	17.03	—	—	—	—	—
绿水湾	—	61.13	9.90	—	—	—
八卦洲	—	9.38	—	—	13.76	—

注:"—"表示无供水。

表 6-17 反映各水厂供应用水区的净水配置情况,主城区由城南、北河口水厂,上元门、城北、龙潭水厂各供水 113.98 万 m³、7.78 万 m³;江宁区由滨江水厂供水 31.80 万 m³;浦口区由江浦、浦口水厂分别供水 16.50 万 m³、0.48 万 m³,由远古水厂经市政管网供水 2.74 万 m³;六合区由远古水厂供水 22.87 万 m³,由金牛山水厂应急供水 2.06 万 m³。

表 6-17 水厂—供水片区净水配置表　　　　　　　　　单位:万 m³

	滨江	城南&北河口	上元门/城北/龙潭	江浦	浦口	远古	金牛山
主城区	—	113.98	7.78	—	—	—	—
江宁区	31.80	—	—	—	—	—	—
浦口区	—	—	—	16.50	0.48	2.74	—
六合区	—	—	—	—	—	22.87	2.06

注:"—"表示无供水。

6.3.4　方案应急响应能力分析

现状供水系统应急能力不足。方案 1 模拟现状条件下城市水源应急情况,依据现状用水规模与应急供水能力,对比应急需水情况,可以发现,按现状城市用水水平与现状常住人口数,六合区现状共需水 27.45 万 m³,但远古水厂供水规模为 30 万 m³,扣除管道漏损与输水损失,不能满足需水要求,需要通过江北供水管网从浦口区调取净水。

规划方案应急保障能力不足。规划方案中在赵村水库与金牛山水库均投入使用的情况下,仍有两个污染时段供水保证率仅有44.09%和44.08%,只能达到1级响应等级,对城市居民用水影响较大。

建议建设长江洲滩水库,提高城市水源应急保障水平。方案3模拟在建设新济洲水库、绿水湾水库、八卦洲水库三处应急水源条件下的应急保障能力,结果显示,污染团经过长江的各时间段内,均可保障城市用水不受影响。且各水库距离两岸水厂距离较短,配合洲滩整治工程与湿地风景区开发,可以有效减少建设成本,提高城市水源应急保障能力。

6.4 小结

基于突发水污染事故污染源的迁移转化过程模拟,结合"水源—水厂—供水区"应急供给模式下的多水源联合调配、突发水污染响应机制以及分段供水等多种技术,构建多水源应急供水配置模型。针对模拟突发水污染事故的影响程度,通过启用现状供水水源、规划应急水源、拟建应急水源三类水源,降低突发水污染事故导致的缺水持续时间以及提高城市供水保证率,形成城市应急供水配置方案。

其中方案1仅考虑了现有水源供给,利用本研究所建模型进行分析计算,发生突发污染事故的时段中,供水保证率仅为58.22%,明显无法满足受水区用户的需水要求,缺水主要发生在33 h至121 h,特别是48 h至94.5 h供水保证率约为3%,几乎停止供水;方案2考虑了现有水源以及规划应急水源,在污染发生的时段内,供水保证率为84.82%,基本满足受水区用户的需水要求,缺水主要发生在33 h至94.5 h,其中48 h至94.5 h供水保证率约为44%,缺水主要集中在该时段;方案3考虑现状供水水源、规划应急水源以及拟在建应急水源,在污染发生的时段内,城市用水保障均能满足应急规划需水量。

综合上述分析,可以发现,增加规划应急水源以及拟建应急水源,能够显著提高水资源配置效率,降低突发水污染事故导致的缺水持续时间以及提高最低供水保证率,进而有效地缓解突发水污染带来的供水压力。

第 7 章

结论与展望

第7章 结论与展望

7.1 结论

7.1.1 沿江城市水源地水安全潜在危险源辨识

结构性缺水与水环境污染导致的水质性缺水,是长期依赖长江干流过境水供水的长江中下游经济发达地区面临的主要水问题。本书据此首先运用信息熵理论,分析南京市长期以来用水结构变化趋势,并采用灰色关联度分析方法,分析造成用水结构演变的驱动因素。用水结构熵值分析结果显示,南京市用水结构系统的信息熵与均衡度总体呈增长趋势,表明用水系统的均衡性越强,单一用水结构所占比例越低,南京市用水结构越趋于稳定、均衡。采用灰色关联度对用水结构的驱动因素进行分析,结果显示人均粮食产量与农业比重是农业用水变化的重要驱动力,灰色关联度分别为 0.908 5 和 0.737 0;高耗水行业比重是工业用水变化的主要因素,灰色关联度为 0.894 8;第三产业比重、人口密度和人口自然增长率与生活用水变化有一定的关联性,灰色关联度分别为 0.644 1、0.637 4 和 0.649 0。结合两者可以看出,随着产业结构调整与用水效率的提高,农业与工业用水比重不断下降,再加上城市人口的持续增长以及第三产业的不断发展,生活用水比重提高,产业结构与用水结构趋向合理。

在水源地水质状况分析中,选取水质评价指标,并计算水质综合污染指数,对长江南京段夹江、江浦-浦口、燕子矶、上坝 4 处集中水源地水质达标情况进行比较。研究表明长江南京段水质上游段最好,下游段次之,中间段较差;2005—2015 年各水源地水质达标率呈现先下降后上升的趋势,总体状况呈现好转趋势。汛期水质优于非汛期水质,主要原因是长江南京段水质主要受来水水质影响,汛期水量增加,稀释污染水源,水质状况得到提升。

通过对历年突发水污染事故的统计分析可以看出,化学品和油类是造成长江流域污染事故多发的两大类污染物。长江是我国东西水上运输的大动脉,航运货物中石油类和有毒化学品的运输量近年来大幅增长,一旦运送危险化学品的船舶发生事故而将其携带的危化品倾泻入江,将对长江水源造成威胁。经过多轮过江通道建设,目前长江南京段过江通道包括了长江大桥、二桥、三桥等 9

条过江通道。由翻车、翻船等突发事故造成的污染物泄漏所导致的突发性水污染事故的发生地点随机性大，危化品将直接入江，对长江水源造成威胁。

南京市用水结构及其驱动力的研究表明，随着产业结构调整与用水效率的提高，产业结构与用水结构趋向合理，结构性缺水逐步改善；集中供水水源地水质变化分析表明，水质总体状况呈现好转趋势，常规水质性缺水得到缓解；通过对南京市突发污染事故统计分析发现，由翻车、翻船等突发事件造成的水污染事故，事故地点不固定，污染物种类随机性大，在短时间内易对水源地造成巨大威胁，因此突发性水质污染是长江中下游沿江城市的主要潜在污染源。

7.1.2 沿江城市突发水污染物迁移模拟

基于河道特征和污染物扩散的基础理论，选择 MIKE 21 二维水动力(HD)和对流扩散(AD)模块，将突发水污染事故作为常规水质模拟的一种特殊工况进行处理，探讨突发水污染事故对城市水源地的影响，是实现水源保护的有效手段。

根据水力学和流体力学的基本原理以及污染物迁移转化规律，建立了长江下游(大通至徐六泾)感潮河段的突发水污染过程模拟二维水动力-水质模型。对大通水文站不同流量条件下的水动力模型进行验证，选取 2014 年 1 月与 11 月分别代表枯水期流量与平水期流量，模拟结果与长江下游南京、镇江(二)、江阴、天生港 4 处干流潮位站的潮位进行对比。结果表明，验证的潮位差值较小，水动力结果能够较好地反映长江干流潮位站在大、中、小潮的潮位波动情况。

将历史突发水污染事故作为事故类型、污染物种类、污染物泄漏总量和强度等取值的参考。最终选取苯酚为污染物，选择具有更大不确定性的上游船舶运输事故，以及发生在过江桥梁上的陆路运输事故这两种事故类型。另外，根据长江南京段枯季流量小、水流较弱、流速较缓、污染持续时间较长，以及感潮河段江水涨潮时污染物在河段内停留时间加长这两种不利水文条件，以 2014 年 1 月作为模拟运行时间，南京潮位站半日潮涨潮开始时间 1 月 5 日 0 时作为事故发生时刻，进行突发水污染过程模拟。

水路船舶运输事故结果表明，发生在上游的船舶运输事故对长江南京段影响过程历时 160.5 h。其间，长江南京段所有水厂均受到污染，指标超过苯酚在

Ⅲ类水中允许极限值,其中受影响时间最短的是长江南京段最上游的滨江水厂,受影响时间为10.5 h;受影响最大的是位于长江南京段中部夹江汊道的北河口水厂,共经历4次峰值变化过程,其中前2次是由涨潮影响夹江下游污染回溯至北河口水厂导致的,后2次是由夹江上游污染下泄导致的,受污染时间共计91 h。

在陆路运输事故模拟中,通过对比设置在长江南京段主泓区和汊道区事故点的模拟结果可以发现,主泓区污染过程历时77 h,小于汊道区历时81.5 h;前者对水厂取水的影响最大历时17 h,后者最大历时71.5 h。通过对比设置在长江南京段北岸与南岸事故点模拟结果可以发现,事故对长江南京段的影响时间均为77 h,南岸事故对南岸下游两处水厂影响时间分别提升了3.5 h与7.5 h。

因此,长江主泓区突发水污染事故时,污染物下泄速度较快,对水源地影响时间较短,但涨潮时容易向上游回溯影响未受污染的汊道水源地;汊道区突发水污染事故时,污染持续时间长,对水源地影响时间较长,但涨潮时对上游水源地基本没有影响;南北两岸发生事故时,更易对同侧下游水源地造成影响。

7.1.3　多水源应急供水方案决策模型及应用研究

基于突发水污染事故的过程模拟,结合"水源—水厂—供水区"应急供给模式下的多水源联合调配、突发水污染响应机制以及分段供水等多种技术,构建了以解决突发水污染事故为核心的应急供水调度模型。将多水源按不同时期的规划内容分为现状供水水源、规划应急水源、拟建应急水源,设置了不同水源组合下的供水情景,并分别提出了相应的应急调度方案。

其中方案1仅考虑了现有水源供给,利用本研究所建模型进行分析计算,发生突发污染事故的时段中,供水保证率仅为58.22%,明显无法满足受水区用户的需水要求,缺水主要发生在33 h至121 h,特别是48 h至94.5 h供水保证率约为3%,几乎停止供水;方案2考虑了现有水源以及规划应急水源,在污染发生的时段内,供水保证率为84.82%,基本满足受水区用户的需水要求,缺水主要发生在33 h至94.5 h,其中48 h至94.5 h供水保证率约为44%,缺水主要集中在该时段;方案3考虑现状供水水源、规划应急水源以及拟在建应急水源,在污染发生的时段内,城市用水保障均能满足应急规划需水量。

综上分析,在规划应急水源基础上,增加本书建议的拟建应急水源,能够显著提高水资源配置效率,降低突发水污染事故导致的缺水持续时间以及提高最低供水保证率,进而有效地缓解突发水污染带来的供水压力。

7.2 创新点

1. 识别突发性水质污染是长江中下游沿江城市面临的主要威胁

运用信息熵理论与灰色关联法,分析南京市用水结构变化趋势,结果显示,由于产业结构优化与用水效率提高,用水结构趋于稳定、均衡,结构性缺水问题不明显;采用水质综合污染指数方法,发现城市集中供水水源水质总体呈现好转趋势,常规污染物水质性缺水问题不明显;结合研究区域突发水污染事故统计分析,突发性污染成为沿江城市水源地水安全的主要潜在危险源。

2. 定量模拟感潮河段水文特征影响下的污染源对沿江城市水源地水安全的影响

基于感潮河段水文特征,根据水力学和流体力学的基本原理以及污染物迁移转化规律,建立了长江下游(大通至徐六泾)突发水污染过程模拟的二维水动力-水质模型。在特定的事故情景条件下,探究突发水污染事故对水源地水安全的影响。

3. 基于模型综合方法构建污染物迁移过程影响下的沿江城市应急供水决策方案

综合运用模型方法,基于突发水污染事故污染物的迁移转化过程模拟,结合"水源—水厂—供水区"供给模式下的多水源联合调配、突发水污染响应机制以及分段供水等多种技术,构建多水源应急供水配置模型。针对模拟突发水污染事故的影响程度,通过启用不同规模的应急水源,降低突发水污染事故导致的缺水持续时间以及提高城市供水保证率,形成城市应急供水配置方案。

7.3 研究展望

1. 突发污染事故的水质资料的不足对模型模拟精度有一定影响

全国范围内发生过多起突发水污染事故,但是公开的水质监测资料不多,特别是饮用水水源地突发污染事故的水质监测数据属于保密资料,难以获得。当前建立的突发水污染模拟模型,是模拟特定条件下的突发水污染过程,在一定程度上可以反映污染物输移过程,但在研究区缺乏较为精确的实测水质监测指标作为模型调参的依据。

2. 复杂条件下突发水污染事故模拟需进一步研究

复杂条件包括复杂水文条件、复杂污染物类型、复杂的应急措施。目前本书仅采用最不利水文条件,即枯水期径流,以及在涨潮时突发水污染事故,但是在污染物类型上没有对重金属、石油等其他污染物进行讨论,仅以松花江水污染事故与镇江苯酚泄漏事故为背景,进行参数设置,在污染物类型上是不全面的。城市应急措施有很多,除了开辟新的应急水源以外,还可以采取各种物理、化学、生物方法降低、去除污染物;随着海绵城市规划的逐步实施,城市内还可以采用非常规水源作为应急水源储备。此外,城市用水过程实际上并不是均匀的,如果用水曲线的峰值与污染团到达取水口的时间一致,将导致短时间的水量缺额。因此,复杂条件包括复杂水文条件、复杂污染物类型、复杂的应急措施等突发污染物事故条件的研究还有待完善。本书的研究属于阶段性的成果,不论在模拟理论体系的完善上,还是模型在工程案例的实际应用中,都需要进一步深入研究。

参考文献

艾恒雨,刘同威,2013. 2000—2011年国内重大突发性水污染事件统计分析[J]. 安全与环境学报,13(4):284-288.

白莹,2013. 黄河突发性水污染事故预警及生态风险评价模型研究[D]. 南京:南京大学.

卞戈亚,陈康宁,戴兆婷,等,2014. 世界供水安全现状及其主要经验对我国供水安全保障的启示[J]. 水资源保护,30(1):68-73.

常旭,王黎,李芬,等,2013. MIKE 11模型在浑河流域水质预测中的应用[J]. 水电能源科学,31(6):58-62.

陈进,王永强,张晓琦,2021. 长江经济带供水安全保障战略研究[J]. 水利学报,52(11):1369-1378.

陈筠婷,徐建刚,许有鹏,2015. 非传统安全视角下的城市水安全概念辨析[J]. 水科学进展,26(3):443-450.

陈鸣,尹卫萍,俞美香,等,2012. 饮用水源地突发性污染事件预警系统的构建及应用[J]. 环境污染与防治,34(4):92-96.

陈燕飞,张翔,2015. 汉江中下游干流水质变化趋势及持续性分析[J]. 长江流域资源与环境,24(7):1163-1167.

陈祖军,李广鹏,谭显英,2017. 华东沿海城市水资源安全概念及未来战略示范研究[J]. 水资源保护,33(6):38-46.

程建民,陈永娟,2017. 城市供水应急备用水源规模确定方法研究[J]. 水利规划与设计(10):36-38.

戴文鸿,吴书鑫,张云,等,2013. 八卦洲汊道改善分流比工程措施研究[J]. 水利水运工程学报(6):1-7.

邓聚龙,1983. 灰色系统综述[J]. 世界科学,5(7):1-5.

董志,倪培桐,黄健东,等,2016. 广州市荔枝湾感潮河网引清调水方案研究[J]. 人民珠江,37(1):1-4.

段扬,廖卫红,杨倩,等,2014. 基于EFDC模型的蓄滞洪区洪水演进数值模拟[J]. 南水北调与水利科技,12(5):160-165.

樊杰,周侃,王亚飞,2017. 全国资源环境承载能力预警(2016版)的基点和技术方法进展[J]. 地理科学进展,36(3):266-276.

房彦梅,张大伟,雷晓辉,等,2014. 南水北调中线干渠突发水污染事故应急控制策略[J]. 南水北调与水利科技,12(2):133-136.

冯静,2011. MIKE 21 FM 数值模型在海洋工程环境影响评价中的应用研究[J]. 青岛:中国海洋大学.

付可,胡艳霞,谢建治,2016. 基于非点源污染的密云水源保护区水环境容量核算及其分配[J]. 中国农业资源与区划,37(4):10-17.

管桂玲,卢发周,李萍,等,2018. 长江南京段饮用水水源地风险评估[J]. 人民珠江,39(8):20-24.

郭梅,许振成,彭晓春,2007. 水资源安全问题研究综述[J]. 水资源保护,23(3):40-43.

韩梅,郑丙辉,李子成,等,2000. 主要城市饮用水水源地水质状况评价与对策建议[J]. 环境科学研究,13(5):31-34.

韩晓刚,黄廷林,2010. 我国突发性水污染事件统计分析[J]. 水资源保护,26(1):84-86.

何向明,吴明福,康宇炜,等,2008. 北江流域佛山段水源污染风险评估及对策[J]. 给水排水,34(S1):96-99.

侯成程,吴彩娥,陈江海,2014. 崇明岛东风西沙水源地风险源辨析[J]. 水利技术监督,22(5):7-10.

胡琳,卢卫,张正康,2016. MIKE 11 模型在东苕溪水源地水质预警及保护的应用[J]. 水动力学研究与进展 A 辑,31(1):28-36.

环境保护部,国家发展和改革委员会,水利部. 长江经济带生态环境保护规划[EB/OL]. (2017-07-17). https://www.mee.gov.cn/gkml/hbb/bwj/201707/t20170718_418053.htm.

姜国辉,沈冰,李玉清,等,2006. 辽河流域应急调水补偿量核算研究[J]. 沈阳农业大学学报,37(2):248-250.

姜雪,卢文喜,黄鹤,等,2012. 基于 WASP 模型的东辽河水环境容量计算[J]. 节水灌溉(6):56-59,63.

姜雪,卢文喜,张蕾,等,2011. 基于 WASP 模型的东辽河水质模拟研究[J]. 中国农村水利水电(12):26-30.

焦士兴,王腊春,杨顺喜,等,2012. 基于三角模糊函数的城市饮用水水源地安全评价:以河南省安阳市为例[J]. 自然资源学报，27(7):1112-1123.

寇晓梅, 2005. 汉江上游有机污染物COD$_{Cr}$综合衰减系数的试验确定[J]. 水资源保护, 21(5):31-33.

匡翠萍, 李正尧, 顾杰, 等, 2015. 洋河-戴河河口海域COD时空分布特征研究[J]. 中国环境科学, 35(12):3689-3697.

李爱花, 郦建强, 张海滨, 等, 2016. 城市应急备用水源工程概念及建设思路[J]. 中国水利(16):14-17.

李翠梅, 张绍广, 郜阔, 等, 2014. 居民生活用水最低保障量研究[J]. 兰州理工大学学报, 40(3):139-142.

李大鸣, 卜世龙, 顾利军, 等, 2018. 基于MIKE 21模型的洋河水库水质模拟[J]. 安全与环境学报, 18(3):1094-1100.

李建新, 2000. 我国生活饮用水水源保护区问题的探讨[J]. 水资源保护, 26(3):12-13, 44-45.

李林子, 钱瑜, 张玉超, 2011. 基于EFDC和WASP模型的突发水污染事故影响的预测预警[J]. 长江流域资源与环境, 20(8):1010-1016.

李娜, 叶闽, 2011. 基于MIKE 21的三峡库区涪陵段排污口COD扩散特征模拟及对下游水质的影响[J]. 华北水利水电学院学报（自然科学版）, 32(1):128-131.

李志亮, 罗红雨, 2002. 长江下游干流水环境现状及对策[J]. 长江科学院院报, 19(5):46-48.

练继建, 王旭, 刘婵玉, 等, 2013. 长距离明渠输水工程突发水污染事件的应急调控[J]. 天津大学学报（自然科学与工程技术版）, 46(1):44-50.

梁云, 殷峻暹, 祝雪萍, 等, 2013. MIKE 21水动力学模型在洪泽湖水位模拟中的应用[J]. 水电能源科学, 31(1):99, 135-137.

刘家宏, 王建华, 李海红, 等, 2013. 城市生活用水指标计算模型[J]. 水利学报, 44(10):1158-1164.

刘宁, 2013. 中国水文水资源常态与应急统合管理探析[J]. 水科学进展, 24(2):280-286.

刘思峰, 蔡华, 杨英杰, 等, 2013. 灰色关联分析模型研究进展[J]. 系统工程理论与实践, 33(8):2041-2046.

刘燕, 胡安焱, 邓亚芝, 2006. 基于信息熵的用水系统结构演化研究[J]. 西北农林科技大学学报（自然科学版）, 34(6):141-144.

刘玉年, 施勇, 程绪水, 等, 2009. 淮河中游水量水质联合调度模型研究[J]. 水科学进展,

20(2):177-183.

马莉,桂和荣,曹彭强,2011.河流污染二维水质模型研究及 RMA4 模型概述[J].安徽大学学报(自然科学版),35(1):102-108.

马小雪,王腊春,廖玲玲,2015.温瑞塘河流域水体污染时空分异特征及污染源识别[J].环境科学,36(1):64-71.

毛晓文,姚敏,陆隽,2015.长江南京段河流型水源地现状及安全保障评价[J].江苏水利(6):30-32.

钱海平,张海平,于敏,等,2013.平原感潮河网水环境模型研究[J].中国给水排水,29(3):61-65.

乔飞,郑丙辉,雷坤,等,2017.长江下游及河口区水动力特征[J].环境科学研究,30(3):389-397.

邱凉,翟红娟,罗小勇,2014.长江中下游干流饮用水水源地现状及保护探讨[J].中国水利(17):19-21.

仇保兴,2013.我国城市水安全现状与对策[J].城市发展研究,20(12):1-11.

阮仁良,2000.上海市水环境研究[M].北京:科学出版社.

孙东琪,张京祥,朱传耿,等,2012.中国生态环境质量变化态势及其空间分异分析[J].地理学报,67(12):1599-1610.

孙凌虹,王静,2011.城市水资源优化配置概述[J].地下水,33(3):156-158.

孙文章,曹升乐,徐光杰,2008.应用 WASP 对东昌湖水质进行模拟研究[J].山东大学学报(工学版),38(2):83-85,100.

孙颖,刘久荣,张有全,等,2013.基于运行风险评价的怀柔应急水源地水资源优化配置[J].地质论评,59(Z1):1099-1101.

唐克旺,王研,2001.我国城市供水水源地水质状况分析[J].水资源保护(2):30-31,61.

唐迎洲,阮晓红,王文远,2006. WASP5 水质模型在平原河网区的应用[J].水资源保护,22(6):43-46,50.

汪杰,杨青,黄艺,等,2010.突发性水污染事件应急系统的建立[J].环境污染与防治,32(6):104-107.

王彪,卢士强,林卫青,等,2016. Water quality model with multiform of N/P transport and transformation in the Yangtze River Estuary[J]. Journal of hydrodynamics,28(3):423-430.

王栋,朱元甡,2001.信息熵在水系统中的应用研究综述[J].水文,21(2):9-14.

王海潮,庞博,2016. 聚焦长江危化品运输安全[J]. 中国海事(6):6-9.

王浩,游进军,2016. 中国水资源配置30年[J]. 水利学报,47(3):265-271,282.

王佳宁,徐顺青,武娟妮,等,2019. 长江流域主要污染物总量减排及水质响应的时空特征[J]. 安全与环境学报,19(3):1065-1074.

王俊,2012. 长江流域水资源综合管理决策支持系统研究[J]. 人民长江,43(21):6-10,20.

王蒙,殷淑燕,2015. 近52a长江中下游地区极端降水的时空变化特征[J]. 长江流域资源与环境,24(7):1221-1229.

王献辉,李萍,金明宇,等,2012. 南京市应急备用水源地规划探讨[J]. 人民长江,43(S1):70-72.

王小军,张建云,贺瑞敏,等,2011. 区域用水结构演变规律与调控对策研究[J]. 中国人口·资源与环境,21(2):61-65.

王晓君,石敏俊,王磊,2013. 干旱缺水地区缓解水危机的途径:水资源需求管理的政策效应[J]. 自然资源学报,28(7):1117-1129.

王洋,宋桂杰,刘旭东,2012. 城市应急备用水源需求和规模确定方法研究[J]. 给水排水,38(5):19-22.

魏永霞,李志刚,程宏超,2016. 数值模拟在地下水开采方案制定中的应用:以某市一应急备用水源地为例[J]. 地下水,38(6):50-53,61.

吴凤平,王新华,李芳,等,2018. 水源地突发水污染政府应急预留水量需求预测[J]. 水利经济,36(2):28-35,84.

吴昊,华骅,王腊春,等,2016. 区域用水结构演变及驱动力分析[J]. 河海大学学报(自然科学版),44(6):477-484.

吴辉明,雷晓辉,廖卫红,等,2016. 淮河干流突发性水污染事故预测模拟研究[J]. 人民黄河,38(1):75-78,84.

吴晓东,2010. 淄博市计划用水指标体系与管理制度研究[J]. 泰安:山东农业大学.

吴永新,周玲霞,吴昊,等,2017. 长江南京河段治理60年回顾与展望[J]. 水利水电快报,38(11):107-113.

武春芳,徐明德,李璐,等,2014. 太原市迎泽湖富营养化控制的模型研究[J]. 中国环境科学,34(2):485-491.

徐帅,张凯,赵仕沛,2015. 基于MIKE 21 FM模型的地表水影响预测[J]. 环境科学与技术,38(S1):386-390.

阎官法,贾涛,2005. 郑州市城市应急供水与应急生活供水定额研究[J]. 河南工业大学学报(社会科学版),1(3):21-23.

杨晨,徐明德,郭媛,2017. 基于 MIKE 21 的汾河水库突发环境事件数值模拟[J]. 灌溉排水学报,36(11):115-121.

杨程炜,李订芳,刘德地,2018. 基于模拟-优化模式的梯级水库群突发水污染事件应急调度研究[J]. 水资源研究(2):164-172.

杨家宽,肖波,刘年丰,等,2005. WASP6 水质模型应用于汉江襄樊段水质模拟研究[J]. 水资源保护,21(4):8-10.

杨小林,李义玲,2014. 长江流域跨界水污染事故应急响应联动机制[J]. 水资源保护,30(2):78-81,91.

姚瑞华,赵越,王东,等,2014. 长江中下游流域水环境现状及污染防治对策[J]. 人民长江,45(S1):45-47.

于凤存,方国华,蔡吉娜,2008. 南京市饮用水水源地突发事故风险分析与应急水源选择[J]. 给水排水,34(12):56-58.

俞云飞,赵文婧,李云霞,等,2016. MIKE 11 水动力水质耦合模型在北方某水源地治理工程的应用[J]. 水利水电工程设计,35(3):26-28.

张芳,王炜亮,成杰民,2010. 流域突发性水污染事故应急体系构思[J]. 环境科技,23(1):57-60.

张昊,张代钧,2010. 复杂水环境模拟研究与发展趋势[J]. 环境科学与管理,35(4):24-28,67.

张钧,2007. 江河水源地突发事故预警体系与模型研究[D]. 南京:河海大学.

张守平,辛小康,2013. MIKE 21 模型在企业污水处理厂入河排污口布设中的应用[J]. 水电能源科学,31(9):57,101-104.

张为,李义天,江凌,2007. 长江中下游典型分汊浅滩河段二维水沙数学模型[J]. 武汉大学学报(工学版),40(1):42-47.

张永祥,王磊,姚伟涛,等,2009. WASP 模型参数率定与敏感性分析[J]. 水资源与水工程学报,20(5):28-30.

张勇,徐启新,杨凯,等,2006. 城市水源地突发性水污染事件研究述评[J]. 环境污染治理技术与设备,7(12):1-4.

张自英,潘万贵,黄涛,等,2017. 水资源安全综合评价与预测:基于浙江省台州市实证分析[J]. 水资源与水工程学报,28(4):70-74.

赵敬敬,向新志,王正虹,等,2018. 长江流域重庆段饮用水水源地多溴联苯醚的分布[J].

环境与健康杂志,35(10):893-895.

郑志宏,魏明华,2013. 基于熵值法的改进集对分析水质模糊评价[J]. 河海大学学报(自然科学版),41(2):136-139.

钟果,毛本中,2011. 河段多普勒流量技术应用及常见问题剖析[J]. 广州化工,39(17):94-96.

周克梅,陈卫,单国平,等,2007. 南京长江水源地污染预测及应对措施研究[J]. 给水排水,33(8):36-39.

周燕,2012. 建设应急备用水源工程,应对突发公共安全事件:浙江城市应急备用水源规划建设的思考[J]. 城市道桥与防洪(7):219-221.

周晔,吴凤平,陈艳萍,2013. 水源地突发水污染公共安全事件应急预留水量需求估测[J]. 自然资源学报,28(8):1426-1437.

朱党生,张建永,程红光,等,2010. 城市饮用水水源地安全评价(I):评价指标和方法[J]. 水利学报,41(7):778-785.

朱茂森,2013. 基于 MIKE 11 的辽河流域一维水质模型[J]. 水资源保护,29(3):6-9.

庄巍,李维新,周静,等,2010. 长江下游水源地突发性水污染事故预警应急系统研究[J]. 生态与农村环境学报,26(S1):34-40.

邹锐,吴桢,赵磊,等,2017. 湖泊营养盐通量平衡的三维数值模拟[J]. 湖泊科学,29(4):819-826.

AMIRKANI M, HADDAD O B, ASHOFTEH P S, et al., 2016. Determination of the optimal level of water releases from a reservoir to control water quality[J]. Journal of hazardous, toxic & radioactive waste,20(2):04015017.

CHEN J, ZHANG Y L, CHEN Z Y, et al., 2015. Improving assessment of groundwater sustainability with analytic hierarchy process and information entropy method: A case study of the Hohhot Plain, China[J]. Environmental earth sciences,73:2353-2363.

CHEN X Q, ZONG Y Q, ZHANG E F, et al., 2001. Human impacts on the Changjiang (Yangtze) River basin, China, with special reference to the impacts on the dry season water discharges into the sea[J]. Geomorphology,41(2-3):111-123.

CHO J H, HA S R, 2010. Parameter optimization of the QUAL2K model for a multiple-reach river using an influence coefficient algorithm[J]. Science of the total environment,408(8):1985-1991.

COOK C, BAKKER K, 2012. Water security: Debating an emerging paradigm[J]. Global environmental change, 22(1): 94-102.

DEBELE B, SRINIVASAN R, PARLANGE J Y, 2008. Coupling upland watershed and downstream waterbody hydrodynamic and water quality models (SWAT and CE-QUAL-W2) for better water resources management in complex river basins[J]. Environmental modeling and assessment, 13:135-153.

GERLAK A K, HOUSE-PETERS L, VARADY R G, et al., 2018. Water security: A review of place-based research[J]. Environmental science & policy, 82: 79-89.

GLOBAL WATER PARTNERSHIP, 2007. Integrated water resources management [J]. Water international, 25(2):312-319.

GREY D, SADOFF C W, 2007. Sink or swim?: Water security for growth and development [J]. Water policy, 9(6): 545-571.

HOEKSTRA A Y, 2000. Water supply in the long term: A risk assessment[J]. Physics and chemistry of the earth Part B: Hydrology oceans and atmosphere, 25(3): 221-226.

HOEKSTRA A Y, BUURMAN J, VAN GINKEL K C H, 2018. Urban water security: A review [J]. Environmental research letters, 13:053002.

HOWLAND W E, THOMAS H A, 1949. Pollution load capacity of streams[J]. Water & sewage works, 96(7): 264-266.

JENSEN O, WU H J, 2018. Urban water security indicators: Development and pilot[J]. Environmental science & policy, 83: 33-45.

KIM S, KIM Y, KANG N, et al., 2015. Application of the entropy method to select calibration sites for hydrological modeling[J]. Water, 7(12): 6719-6735.

LAN Y Y, JIN M G, YAN C, et al., 2015. Schemes of groundwater exploitation for emergency water supply and their environmental impacts on Jiujiang City, China[J]. Environmental earth sciences, 73: 2365-2376.

LENNOX S D, FOY R H, SMITH R V, et al., 1998. A comparison of agricultural water pollution incidents in Northern Ireland with those in England and Wales[J]. Water research, 32(3): 649-656.

LIU S F, FANG Z G, LIN Y, 2005. A new definition for the degree of grey incidence[J]. Grey systems theory & application, 7(2):111-124.

LOO S L, FANE A G, KRANTZ W B, et al., 2012. Emergency water supply: A review of potential technologies and selection criteria[J]. Water research, 46(10):3125-3151.

LU S B, BAO H J, PAN H L, 2016. Urban water security evaluation based on similarity measure model of Vague sets[J]. International journal of hydrogen energy, 41(35): 15944-15950.

MACHADO E R, DOVALLE JÚNIOR R F, SANCHES FERNANDES L F, et al., 2018. The vulnerability of the environment to spills of dangerous substances on highways: A diagnosis based on multi criteria modeling[J]. Transportation research Part D: Transport and environment, 62: 748-759.

MARTIN P H, LEBOEUF E J, DANIEL E B, et al., 2004. Development of a GIS-based spill management information system[J]. Journal of hazardous materials, 112(3): 239-252.

NEL J L, LE MAITRE D C, ROUX D J, et al., 2017. Strategic water source areas for urban water security: Making the connection between protecting ecosystems and benefiting from their services[J]. Ecosystem services, 28: 251-259.

O'CONNOR D J, TORO D M D, 1970. Photosynthesis and oxygen balance in streams [J]. Journal of the sanitary engineering division, 96(2): 547-571.

PATON F L, DANDY G C, MAIER H R, 2014. Integrated framework for assessing urban water supply security of systems with non-traditional sources under climate change[J]. Environmental modelling & software, 60: 302-319.

PECHLIVANIDIS I G, JACKSON B, MCMILLAN H K, et al., 2015. Use of an entropy-based metric in multiobjective calibration to improve model performance[J]. Water resources research, 50(10):8066-8083.

QU J H, MENG X L, HU Q, et al., 2016. A novel two-stage evaluation system based on a Group-G1 approach to identify appropriate emergency treatment technology schemes in sudden water source pollution accidents[J]. Environmental science and pollution research, 23(3): 2789-2801.

REICHARD E G, LI Z, HERMANS C, 2010. Emergency use of groundwater as a backup supply: Quantifying hydraulic impacts and economic benefits[J]. Water resources research, 46:2095-2170.

RODRIGUES DA SILVA V D P, BELO FILHO A F, RODRIGUES ALMEIDA R S, et al., 2016. Shannon information entropy for assessing space-time variability of rainfall and streamflow in semiarid region[J]. Science of the total environment, 544: 330-338.

参考文献

ROMERO-LANKAO P, GNATZ D M, 2016. Conceptualizing urban water security in an urbanizing world[J]. Current opinion in environmental sustainability, 21: 45-51.

SEO D I, KIM M A, 2011. Application of EFDC and WASP7 in series for water quality modeling of the Yongdam Lake, Korea[J]. Journal of Korea water resources association, 44: 439-447.

SINGH V P, SIVAKUMAR B, CUI H J, 2017. Tsallis Entropy Theory for modeling in water engineering: A review[J]. Entropy, 19(12):641.

STREETER H W, PHELPS E B, 1925. A study of the pollution and natural purification of the Ohio River [J]. US public health service bulletin, 146:1-75.

WANG X J, ZHANG J Y, YANG Z F, et al., 2015. Historic water consumptions and future management strategies for Haihe River basin of Northern China[J]. Mitigation and adaptation strategies for global change, 20: 371-387.

WANG Z M, SHAO D G, WESTERHOFF P, 2017. Wastewater discharge impact on drinking water sources along the Yangtze River (China)[J]. Science of the total environment, 599-600: 1399-1407.

YAN Z H, YANG H H, DONG H K, et al., 2018. Occurrence and ecological risk assessment of organic micropollutants in the lower reaches of the Yangtze River, China: A case study of water diversion[J]. Environmental pollution, 239:223-232.

YENILMEZ F, AKSOY A, 2013. Comparison of phosphorus reduction alternatives in control of nutrient concentrations in Lake Uluabat (Bursa, Turkey): Partial versus full sediment dredging[J]. Limnologica, 43:1-9.

ZENG X K, WU J C, WANG D, et al., 2016. Assessing Bayesian model averaging uncertainty of groundwater modeling based on information entropy method[J]. Journal of hydrology, 538: 689-704.

ZHANG B, QIN Y, HUANG M X, et al., 2011. SD-GIS-based temporal-spatial simulation of water quality in sudden water pollution accidents[J]. Computers & geosciences, 37(7): 874-882.

ZHANG C L, DONG L H, YU L, et al., 2016. Analysis on impact factors of water utilization structure in Tianjin, China[J]. Sustainability, 8(3):241.

ZHANG X J, CHEN C, LIN P F, et al., 2011. Emergency drinking water treatment during source water pollution accidents in China: Origin analysis, framework and technologies

[J]. Environmental science & technology, 45(1): 161-167.

ZHANG X J, QIU N, ZHAO W R, et al., 2015. Water environment early warning index system in Tongzhou District[J]. Natural hazards, 75: 2699-2714.

ZHANG X J, ZHANG Y, WANG H, et al., 2007. Emergent drinking water treatment for taste and odor control in Wuxi City water pollution incident[J]. Water & wastewater engineering, 134(47):19489-19497.

ZHANG X L, LI X J, 2012. 2-D flood routing simulation on the lower Yellow River from Huayuankou to Jiahetan based on Mike21 Software[J]. Applied mechanics and materials, 170-173:1021-1024.

ZHANG Z L, SUN B, JOHNSON B E, 2015. Integration of a benthic sediment diagenesis module into the two dimensional hydrodynamic and water quality model-CE-QUAL-W2 [J]. Ecological modelling,297:213-231.

ZHENG H, SHANG Y, DUAN Y, et al., 2017. Sudden water pollution accidents and reservoir emergency operations: Impact analysis at Danjiangkou Reservoir[J]. Environmental technology, 39(6):1.

ZHENG H Z, LEI X H, SHANG Y Z, et al., 2018. Sudden water pollution accidents and reservoir emergency operations: impact analysis at Danjiangkou Reservoir[J]. Environmental technology, 39(6): 787-803.

ZHU C J, LIANG Q, YAN F, et al., 2013. Reduction of waste water in Erhai Lake based on MIKE21 hydrodynamic and water quality model[J]. The scientific world journal, 2013:1-9.

ZOLGHADR M, HASHEMI M R, HOSSEINIPOUR E Z, 2010. Modeling of flood wave propagation through levee breach using MIKE21, a case study in Helleh River, Iran [C]// World Environmental and Water Resources Congress, 2010: 2683-2693.